BusinessVillage

INGO RADERMACHER

DIGITALISIERUNG SELBST DENKEN

Eine Anleitung, mit der die Transformation gelingt

BusinessVillage

Ingo Radermacher
Digitalisierung selbst denken
Eine Anleitung, mit der die Transformation gelingt
2. Auflage 2018
© BusinessVillage GmbH, Göttingen

Bestellnummern
ISBN 978-3-86980-373-9 (Druckausgabe)
ISBN 978-3-86980-374-6 (E-Book, PDF)

Direktbezug www.BusinessVillage.de/bl/1016

Bezugs– und Verlagsanschrift
BusinessVillage GmbH
Reinhäuser Landstraße 22
37083 Göttingen
Telefon: +49 (0)5 51 20 99-1 00
Fax: +49 (0)5 51 20 99-1 05
E–Mail: info@businessvillage.de
Web: www.businessvillage.de

Layout und Satz
Sabine Kempke

Autorenfoto
Bettina Volke

Druck und Bindung
www.booksfactory.de

Inhalt

Über den Autor

Ingo Radermacher ist Klardenker, Keynote-Speaker, Publizist und Unternehmer.

In seiner radermacher-consulting GmbH berät er Unternehmen in ihren Digitalisierungsbestrebungen durch einen geeigneten strategischen IT-Einsatz, innovative Softwarelösungen und IT-Strategien. Zudem sorgt er als Keynote-Speaker für Klarheit und regt in seinen Vorträgen zum Selbstdenken an. Dazu macht er sich als Entscheidungsphilosoph® das informatische wie auch das mathematische Denken zunutze, um Menschen außerhalb der IT – teilweise verblüffende – Impulse zu geben. Als Familienvater sieht er sich außerdem in der Verantwortung, auf die Veränderungen unserer Gesellschaft meinungsbildend Einfluss zu nehmen.

Sein zentrales Thema ist: Klarheit! Denn eine Rückkehr zum klaren Denken, Reden und Handeln verhilft zu klugen Problemlösungen und Entscheidungen. So wird ein intelligenter Umgang auch mit der durch die Digitalisierung gestiegenen Informationsvielfalt möglich.

Kontakt:
E-Mail: kontakt@ingoradermacher.de
Web: www.ingoradermacher.de

Vorwort

»Muss denn nicht jeder Mensch als solcher denken, und selbst denken? Muss nicht jeder vernünftig, tugendhaft, brav und so weiter seyn? Warum seyd ihr denn Menschen, wenn ihr nicht denken wollt? Warum habt ihr denn Vernunft, wenn ihr nicht damit denken wollt?«

Johann Gottlob Heynig (1797 – 1837);
deutscher Philosoph, Historiker und Publizist

Digitalisierung ist nicht lediglich ein aktuelles Thema – sondern in vielen Hinsichten *das* Thema. Wir sind damit konfrontiert, ob wir wollen oder nicht. Und da kommt eine Anleitung möglicherweise gerade recht. Also ein weiteres Angebot à la »In sieben Schritten zur digitalen Transformation«?

Nein.

Denn erstens gibt es davon schon unzählig viele: jede Menge Bücher, jede Menge Tools, Konzepte, Handreichungen, Ratgeber, Trainings, Tipps. Zweitens, und das ist gravierender, handelt es sich bei der Digitalisierung um etwas, das zuallererst eben *nicht* Anweisungen und konkrete Maßnahmen fordert – sondern schlicht erst einmal: uns selbst. Wir fahren, hat mich meine Arbeit gelehrt, in Sachen »Digitalisierung« am besten, wenn wir uns zunächst einmal auf uns selbst besinnen. Unsere beruflichen Wünsche und Ziele, unsere Arbeit, unser Unternehmen, unser Geschäftsmodell – unser ganz eigenes *Warum*, *Was*, und *Wie* im beruflichen Alltag und – wie wir später noch lernen werden – in gesellschaftlicher und ganz privater Hinsicht. Wenn wir hier für uns Klarheit finden, ist der Rest ... – zwar noch immer kein Kinderspiel, das will ich nicht sagen, aber: anders. Dann fühlen wir uns weniger getrieben, weniger den Entwicklungen ausgesetzt. Dann fühlen wir uns als die, die wir eigentlich sein wollen: Gestalter.

Ich lade Sie ein, sich den Kopf zu zerbrechen. Es gibt dieses bekannte Bild: Man zieht sich selbst am eigenen Schopf aus dem Sumpf. Das ist, finde ich, ein vielleicht nicht hundertprozentig stimmiges, indes aber sinnfälliges

Guter Rat ist teuer: Er verlangt Selbstverantwortung und Selbstdenken.

Bild. Lassen Sie uns sämtliche Tools, Konzepte, Handreichungen, Ratgeber, Trainings, Tipps, Maßnahmenkataloge und Handlungsanweisungen beiseitelegen; stattdessen an den eigenen Kopf fassen, Schläfen und Stirn beim Nachdenken massieren, gelegentlich die Haare raufen, und uns schließlich am eigenen Schopfe aus dem Sumpf ziehen.

Ich erfahre in meiner täglichen Arbeit immer wieder: In Unternehmen mangelt es eigentlich nicht an praktischen Schritten in Richtung Digitalisierung. Und doch gelingt die Umsetzung nicht!

Wenn es stimmt, dass die Digitalisierung tatsächlich the next big step in der Entwicklung und der Art und Weise, wie unsere Ökonomie funktioniert, ist, dann braucht es nicht den tausendsten eloquenten Praxisratgeber – sondern schlicht eine Einladung zum Selbst-Denken.

Um solch eine Einladung geht es mir. Es ist eine Einladung, wie ich sie selbst mir wünschen würde, und wie ich sie täglich in meiner Arbeit auch formuliere. Keine Tool-Empfehlungen, keine Checklisten mit Spiegelstrichwüsten – keine blinde Software-, Hardware-, Technik- oder sonstige Gläubigkeit, keine Berührungsängste, keine Dogmen. Stattdessen dekliniere ich durch, wovon ich spüre, es *kann* weiterführen; und das ist eine ganze Menge. Ich gründe meine Einladung auf meine Erfahrungen. Ich lasse Sie teilhaben an meiner täglichen Arbeit, meinen konkreten Arbeitsthemen, den Fragen und Einsichten meiner Klienten – denen ich an dieser Stelle herzlich dafür danke –, und meinen eigenen Fragen und Einsichten, als IT-Experte, Unternehmensberater, Informatiker.

Was mich an diesem Buch-Projekt besonders gereizt hat, war, die verschiedenen Rollen aufzunehmen, in denen wir mit der Digitalisierung konfrontiert sind. Denn das Eigentümliche und tatsächlich Grenzüberschreitende am Phänomen »Digitalisierung« ist: Es fordert einen nicht bloß in der Unternehmer-, Manager-, Führungskraft oder Freiberufler-Rolle. Nein, auch als Privatmensch, etwa als Familienvater, ist man – manchmal nicht weniger – betroffen. Smartphones allenthalben, WhatsApp, »digital distraction« ... – auch diese Themen, der ganze große Bereich des Bildungspolitischen oder Gesellschaftlichen, ist für mich interessant und brisant. Auch hier, so beobachte ich, bedarf es für einen gelingenden Umgang mit der Digitalisierung des Selbst-Denkens.

Dieses Buch lädt Sie ein zu einem Perspektivwechsel. Vielleicht erleben Sie es als hilfreich, als für Sie gewinnbringend; vielleicht stößt es weiteren Gedankenaustausch an – das würde mich freuen. Und abschließend: Manchmal neige ich zum Launig-Karikierenden; das kommt vor, wenn man lange im Geschäft ist ... Vielleicht läuft es darauf hinaus, dass Sie, wenn Sie sich nun mit mir auf Gedankentour begeben, gelegentlich leise kichern – im Sinne eines »prodesse et delectare«. Auch das würde mich freuen.

1.
Digitalisierung: Eine – unsere – Realität

»Eine Überzeugung, die alle Menschen teilen, besitzt Realität.«

Aristoteles (384 – 322 v. Chr.); griechischer Philosoph

Digitalisierung?

»Digitalisierung« – um einen wissenschaftlich exakten Begriff handelt es sich dabei nicht. Im Gegenteil. Das meinte beispielsweise die Medientheoretikerin und Journalistin Kathrin Passig, als sie auf der Cebit 2016 vorschlug, das Wort »Digitalisierung« durch das Wort »Gulaschsuppe« zu ersetzen. Denn das sei, sagte sie, genauso aussagekräftig, unscharf, beziehungsweise eben: schwammig.

Aber so einfach ist es dann doch nicht. Was das Wort teils so unscharf und schwammig wirken lässt, ist – positiv gewendet – sein immenser Bedeutungsumfang. »Digitalisierung« ist ein Sammelbegriff, und als solcher leistet er etwas: Er fasst eine unüberschaubare Vielzahl an Entwicklungen, Prozessen und Sachverhalten zusammen – und macht dabei auch teils sehr Abstraktes, sehr Technologisches gut fassbar.

Im genauen Wortlaut

»Digital« – die ursprüngliche Wortherkunft ist das lateinische »digitus«; gemeint war der zum Zählen benutzte Finger. Diese Wortherkunft steckt auch noch im englischen »digit«, übersetzt etwa mit »Finger« oder auch »Ziffer« beziehungsweise »Zahl«. Von dieser Herkunft abgeleitet, lässt sich ganz allgemein sagen: Das Digitale ist etwas Gezähltes, in Ziffern Umgesetztes.

Bis vor einigen Jahren bezeichnete der Begriff »Digitalisierung« im Deutschen in erster Linie den konkreten technischen Prozess, etwas Analoges in etwas Digitales zu überführen – beispielsweise die Digitalisierung eines Buches oder eines Dokuments durch Einscannen. Heute steht er als Sammelbegriff für eine übergeordnete, globale Entwicklung, die in sämtlichen Lebens- und Wirklichkeitsbereichen stattfindet – eine tatsächlich ubiquitäre Entwicklung. Dabei ist die Digitalisierung eben weniger ein Ding oder ein Produkt, als eine Art und Weise, wie wir etwas tun (Dörner/Edelmann 2015).

Ubiquität der Digitalisierung

»Es gibt keinen Grund, warum irgendjemand einen Computer in seinem Haus haben wollen würde.«

Ken Olsen (1926–2011); Gründer der Computerfirma Digital Equipment; 1977

Digitalisierung im Privaten: Alltagsdominanz

Als Entree einige Zahlen: In einer Minute werden heute vierhundert Stunden Videomaterial auf YouTube und 56.000 Fotos auf Instagram hochgeladen, 206 Millionen E-Mails versendet, 3,1 Millionen Suchanfragen an Google gesendet (Smartinsights 2016). – Andere Zahlen: Fast 620.000 Tweets wurden über den Kurznachrichtendienst Twitter am 13. Juli 2014 kurz vor Mitternacht innerhalb einer Minute versendet; dann erklang der Schlusspfiff im Finale der Fußballweltmeisterschaft in Brasilien. Deutschland wurde Weltmeister. Für Twitter war es ein neuer Rekord. Während des gesamten Endspiels gab es insgesamt 32 Millionen Tweets. Hatte da noch jemand Zeit beziehungsweise Aufmerksamkeit, dem Spiel tatsächlich zuzuschauen?

Oder eine – uns allen aus dem einen oder anderen Zusammenhang geläufige – Szene: Menschen sitzen gemeinsam am Tisch, vielleicht gemütlich in einer Kneipe, vielleicht daheim, beim Abendessen. Nehmen wir beispielsweise eine Familie: Vater, Mutter, drei Kinder. Sie sitzen gemeinsam beim Abendbrot. Das haben sie immer schon so gemacht. Doch etwas ist anders als noch vor ein paar Jahren: Es ist so still. Nicht mehr das Gespräch, sondern das Smartphone bestimmt die Kommunikation. Die Social-Media-Korrespondenz der Kinder mit ihren Schulfreunden, die Kurznachrichten der Mutter zur Verabredung mit den Freundinnen, die so wichtig erscheinende Geschäftsmail des Vaters ... Die Familie ist nicht mehr allein. Nirgends sind wir mehr allein und ungestört – schon gar nicht auf dem WC. Die Digitalisierung fordert uns allerorten.

Schon unser ganz privater Alltag hat sich – zumindest für diejenigen, die sich noch an ein »Davor« erinnern können – radikal verändert: wie wir morgens aufstehen, wie wir dann vielleicht joggen gehen, wie wir Zeitung lesen, wie wir zur Arbeit kommen, wie wir arbeiten, einkaufen, zum Feierabend entspannen, Musik hören oder fernsehen, wie wir unsere Kontakte zu Freunden, Verwandten und Bekannten pflegen, wie wir uns auf Partnersuche begeben ... Selbst die politische Sphäre, die Art, wie politische Meinungsbildung erfolgt, Regierungen gewählt werden, regiert wird – das alles ist für viele Segen und Fluch zugleich.

Es sind in erster Linie die technischen Errungenschaften in der Nachfolge des Personal Computers und die Weiterentwicklung des Internets: mobile Endgeräte wie Tablet und Smartphone; es sind weiter die Software-Entwicklungen in Verbindung damit – um eine willkürliche Auswahl zu nennen: die sozialen Netzwerke wie Facebook, die Messenger wie WhatsApp oder Snapchat, Microbloggingdienste wie Twitter, Onlinedienste des Marktführers Google wie der Kartendienst Google Maps und vieles, vieles mehr.

Ganz entscheidend zu den alltäglichen Veränderungen beigetragen hat das Smartphone – das derzeit präferierte mobile Endgerät. Nirgends sind wir mehr ohne. Es ist so klein, dass es in jede Hosentasche passt; so anschlussfähig, dass mit ihm schlichtweg alles geht. Es gleiche, heißt es gelegentlich, einem elektronischen Rundum-Peilsender. Mit den darauf erzeugten und gespeicherten Daten wisse ein Beobachter weit mehr über uns, als ein Ornithologe über einen Vogelschwarm, den er mittels Peilsendern verfolge. Es kennt uns oftmals besser als unser Lebenspartner: unsere (geheimen) Wünsche, unsere Vorlieben, unser Verhalten, unsere Freunde.

Dank Smartphone & Co. sieht ein Singletag vielleicht, ganz grob skizziert, in typischen Berührungen mit dem Digitalen etwa so aus: Morgens vom Smartphone geweckt; Mails, Kurznachrichten, News-Feeds, Börsenkurse gecheckt; auf zum Joggen: Brustgurt angelegt, Running-App gestartet, via Self-Tracker gelaufene Trainingsdistanz, Dauer, Tempo und Kalorienverbrauch aufgezeichnet; in Bad und WC das Smartphone dabei: Terminabstimmung in der Kollegen-WhatsApp-Gruppe; beim Frühstück die Headlines der nationalen und internationalen Presse und einen oder anderen Zeitungsartikel überflogen; erster Anruf vom Chef: Besprechung verschoben; los zur Arbeit: Im Wagen das Navi programmiert, denn heute geht's zu einem neuen Kunden ... Und so weiter. Und zum Feierabend dann, zum Entspannen, eine Stunde Serien via Netflix geschaut; ein, zwei Stunden Shopping, bei eBay und Amazon gestöbert: Laufschuhe gesucht und eine Flurlampe gefunden; Impulskäufe: drei T-Shirts; Hotelbewertungen gecheckt, Preisvergleich bei Flugtickets zwecks Urlaubsplanung; zwischendurch Kontaktpflege: E-Mail an den Bruder, WhatsApp mit den Freunden; schließlich dann Online-Poker, ein paar Runden. Und: auf die Datingplattform – vielleicht ist die charmante Chatpartnerin von gestern Abend wieder da.

Ein sehr persönlicher neuer Bereich, in den die Digitalisierung vordringt, ist das Self-Tracking. Wenn Computersysteme mit Sensoren – beispielsweise mittels Brustgurt oder eingebaut in tragbare Alltagsprodukte (»Wearables« wie Brillen, Kleidung, Schuhe) mit dem Körper verbunden sind, können damit Sachverhalte wie Schlaf, Bewegung, Pulsfrequenz et cetera digital erfasst, gesammelt, analysiert und kommuniziert werden. Die generelle Ausrichtung: Erfassung von Informationen über den eigenen Körper, die eigene Psyche, den eigenen Alltag. Wie gesund bin ich? Was habe ich geschafft, geleistet? Die persönliche Verfassung, Gesundheitswerte, der Tagesablauf, Gefühlslagen – all das lässt sich tracken. Wozu? Es dient möglicherweise einer Selbstoptimierung, möglicherweise einer Mehrübernahme an Selbstverantwortung bei der Ausgestaltung des eigenen Lebens. Um sich bei der Beurteilung des Gesundheitszustandes nicht auf den turnusgemäßen Besuch beim Hausarzt zu verlassen, sondern mittels permanenter Selbstprüfung mögliche Veränderungen frühzeitig erkennen und gegensteuern zu können – angefangen bei der Kontrolle von Ernährung, Bewegung und Schlaf, resultierend etwa in eine statistisch unterstützte Ich-Erhebung, die verbrauchte Kalorien und zurückgelegte Strecken kontinuierlich aufzeichnet.

Self-Tracking ist gerade erst auf dem Vormarsch, indes die weitere Entwicklung plausibel: In einer Self-Tracking-Gesellschaft archivieren zunehmend Menschen die erhobenen Daten ihres Lebens in der digitalen Öffentlichkeit; etwas, das dann über Fotos und Statusmeldungen in sozialen Netzwerken weit hinausgeht. Soziale Medien dienen dabei als perfekter Schauplatz beziehungsweise als Bühne für Selbstinszenierung des sogenannten Qualified Self.

Zurück zum Thema: Der Alltag hat sich geändert – innerhalb weniger Jahre. Die Art, wie wir kommunizieren; wie wir uns in der Welt bewegen; wie wir uns Dinge merken – oder auch nicht. Allein schon das Thema »Verabredungen«: Verabredungen treffen, Verabredungen verpassen, Verabredungen absagen ... – nie war es so einfach wie heute. Oder die Orientierung in Stadt und Land: ein Gang durch fremde Straßen oder eine Fahrt ins Grüne, ohne Google Maps? Wäre für manchen von uns wie das Durchqueren eines Labyrinths ohne Ariadne-Faden. Stadtplan, Straßenatlas, Weltkarte? Google Maps!

Man könnte die Liste der Beispiele endlos verlängern. Wohnarchitektur wird von der Größe des Fernsehers vorgegeben, Baustoffe werden nach Durchlässigkeit für Funkwellen ausgewählt und die Gartengestaltung orientiert sich an den Erfordernissen des Mähroboters. Familienplanung, Partnersuche, Kinderwunsch? Partnerschaftsbörsen gibt es für alles und jeden, vom One-Night-Stand bis zu Co-Parenting – mit und ohne Liebesbeziehung. Man könnte die Liste, wie gesagt, endlos weiterführen, jeder von uns kann eine Fülle an Beispielen beibringen. Indes: Mit Kontaktpflege, Einkaufen, Ernährung, Unterhaltung, Gesundheit, Broterwerb, Lebenspartnerschaft und

Familienplanung sind wohl schon wesentliche Bereiche angesprochen. Sie zeigen exemplarisch, wie präsent das in unserem Alltag (geworden) ist, wofür der Sammelbegriff »Digitalisierung« steht. Digitalisierung ist nichts Abstraktes, nicht losgelöst von unserer individuellen Lebenswirklichkeit. Im Gegenteil. Sie ist elementar damit verbunden, wie wir leben (wollen) und hat unsere Art zu kommunizieren, die Arbeit zu organisieren und zu leben bereits grundlegend verändert. Dennoch wird in nicht wenigen Unternehmen allenfalls darüber geredet, wie die Digitalisierung wohl aussehen könnte – dabei ist sie bereits da. Sie erscheint zuweilen derart normal, als sei vieles schon immer so gewesen.

Digitalisierung in Unternehmen und Organisationen

Was wir im Kleinen – im Privaten – sehen, ist in Organisationen und Unternehmen mindestens auch der Fall. Die Digitalisierung erfasst die Schulen und Universitäten ebenso wie die gesamte Arbeitswelt, die Wirtschaft, die vollständige Wertschöpfungskette, über sämtliche Branchen – vom Handwerker bis zum Maschinenbauer – und alle Betriebsgrößen, vom Kleinstbetrieb bis zum Großkonzern. Dabei ist die sogenannte digital readyness noch insgesamt relativ gering, und sehr unterschiedlich. Der Grad der Umsetzung variiert deutlich – innerhalb einer Branche und zwischen verschiedenen Branchen. Während mein Orthopäde bereits die Möglichkeit bietet, dass ich mir einen freien und mit meinem Terminkalender optimal in Einklang stehenden Termin aussuchen kann, muss ich mich bei meiner Autowerkstatt noch in einen mühsamen telefonischen Abstimmungsprozess mit einer »Terminkoordinatorin« begeben – und das: zu deren Öffnungszeiten. Das eine Unternehmen weiß die digitale Transformation schon gewinnbringend umzusetzen, das andere nicht. Und nicht selten bleibt auch ein Eindruck zurück à la: Es wurde offenbar einiges investiert, wurde, wie es so schön heißt, »viel Geld in die Hand genommen« – aber nicht jedes teure Unterfangen ist auch ein gelungenes, manches vielmehr: »gewollt und nicht gekonnt«.

Für die meisten von uns jedenfalls hat sich das Berufsleben durch die kontinuierliche Weiterentwicklung von Mobiltelefonen, PCs, Laptops, Tablets und Peripherie erheblich verändert. Der Arbeitsalltag wird zunehmend mehr informationstechnologisch durchdrungen – in jeder Hinsicht. Ob Arbeitsplanung und Durchführung – Stichwort etwa: Arbeitsassistenz; ob Entgrenzung der Arbeit nach Zeit und Ort – Stichwort etwa: Homeoffice; ob Kommunikation mit Kollegen, Kunden oder Vorgesetzten – Stichwort etwa: Video-Meeting, oder auch, zum Beispiel: »Management by digital distraction«, »Management mittels digitaler Zerstreuung«. Wenn Mitarbeiter ihrem Chef bereits seit Wochen nicht mehr begegnet sind, nur noch »von unterwegs gesendet« von ihm hören beziehungsweise lesen, keimt gelegentlich der Verdacht auf, Management by digital distraction sei eine neue Führungsform.

Viele wirtschaftlich entscheidende Begegnungen, die früher in Gestalt tatsächlicher Begegnungen von Mensch zu Mensch stattfanden, erfolgen heute nur noch online. Der Ein- und Verkauf beispielsweise kommt zu großen Teilen heute ohne das aus, was einst als klassische Ingredienz des Geschäftemachens galt: die persönliche Beziehung zwischen Verkäufer und Käufer. Ob im Groß- oder Einzelhandel, ob mit Privat- oder Geschäftskunden, ob der Besuch im örtlichen Eisenwarenladen oder Vertreterbesuche oder Gespräche an Messeständen. Das alles wird weniger. Glaubte man früher, Verkaufen beispielsweise an Geschäftskunden sei ein sozialer Vorgang, zu dem der Aufbau möglichst enger persönlicher Kontakte gehöre, um Vertrauen und Mehrwert zu schaffen, bevor es um Preise und Konditionen gehe, hat uns die Digitalisierung eines Besseren belehrt: Es geht offenbar auch ohne.

Grundsätzlich ist festzuhalten: Die Digitalisierung führt zu tief greifenden Veränderungen in Wirtschaft und Beruf. Die Mehrheit der deutschen Unternehmen rechnet beispielsweise damit, so die BITKOM-Studie »d!conomy« zur CeBIT 2015, dass sich ihr Geschäftsmodell als Folge der Digitalisierung ändern wird. Was für den privaten Alltag feststellbar ist, gilt auch für die

Von unterwegs sendet:

Der Abgelenkte.

Arbeitswelt: Die digitale Transformation ist längst auf dem Vormarsch – und sie trägt Siebenmeilenstiefel.

Siegeszug ohne Gegenwehr?

Ist die sogenannte digitale Revolution somit ein glatter Durchmarsch? Setzt sich niemand zur Wehr? Sagt niemand: »Halt, stop!«, gibt es keine Protestbewegung, keine Maschinenstürmer, wie beispielsweise im 18. Jahrhundert? Damals wollten die Weber eine Einführung von dampfmaschinengetriebenen Webstühlen und die damit verbundene Vernichtung ihrer Arbeitsplätze verhindern. Begehrt denn niemand auf vor den Umwälzungen, Automatisierungen und fortschreitenden Technisierungen der Arbeitswelt?

Nicht der technische Fortschritt an sich – nicht eine grundsätzliche Technik-Kritik –, sondern vor allem die erwartbaren Folgen aus dem Einsatz und der Nutzung von Technologie veranlassten sowohl die Maschinenstürmer des 18. Jahrhunderts als auch die Protestbewegungen des 20. Jahrhunderts zu Skepsis, Argwohn und eben Widerstand (Ohmke-Reinicke 2000, 11 f.). Heute zeigt sich ein ganz anderes Bild – auf individueller Ebene, gesellschaftlich und im Unternehmenskontext.

Leben mit Ambivalenzen

Als Einzelne begegnen wir der Digitalisierung vielfach mit Ambivalenz: Auf der einen Seite genießen wir die große Menge an Annehmlichkeiten, Vorteilen, den Gewinn an Kontakt-, Informations-, Partizipations-, Unterhaltungs- und Gestaltungsmöglichkeiten. Überall durchzieht die Nutzung digitaler Endgeräte unseren Alltag, ist die digitale Welt mittlerweile engstens mit unserer realen Welt verbunden. Und ein Motor ist unsere starke Sehnsucht nach einem mit anderen verbundenen, gleichzeitig leichten und intensiven Leben, und durch all das, was Internet & Co. ermöglichen, fühlen wir uns dem schon ein ganzes Stück nähergekommen: Wir können beispielsweise unentwegt Menschen mit ähnlichen Interessen kennenlernen; wir müssen uns kognitiv kaum mehr anstrengen; wir können jederzeit auf ein riesiges Unterhaltungsangebot zugreifen, um die Langeweile unserer effizienten Welt zu bekämpfen (Cachelin 2015).

Auf der anderen Seite sehen wir eben auch durchaus die Schattenseiten. Wir freuen uns beispielsweise über das vom Arbeitgeber zur Verfügung gestellte nahezu kostenfreie Mobiltelefon – wissen aber auch um die damit verbundene fortwährende Erreichbarkeit für den Chef. Wir nutzen die Möglichkeiten digitalen Preisvergleichs und Vertragabschließens für die beste Urlaubsreise, das günstigste Angebot einer Versicherung oder eines Gas-Anbieters und wissen die entsprechende Bequemlichkeit, Zeit und Geldersparnis ebenso zu schätzen, wie wir auch die vielen anderen Angebote des Internets – all die Möglichkeiten unangestrengten Angebotsvergleichs und Einkaufens – nicht mehr missen möchten. Andererseits sind wir nicht blind für die Konsequenzen: Wir prangern ein Absenken der Lohnniveaus und eine Bedrohung von Arbeitsplätzen durch digitale Wettbewerber ebenso an, wie wir als Ergebnis der »Digitalplattform Innenstadt«, einen Wandel zu einer Liefergesellschaft erleben. Mit dem Ergebnis, dass Läden in den Innenstädten schließen, Vor-Ort-Einzelhändler aufgeben et cetera.

Und auch für andere, persönlichere Konsequenzen sind wir nicht blind: etwa für den eigenen, sogenannten Langeweile-Griff zum Smartphone, um nur mal kurz nachzusehen, ob neue Nachrichten eingegangen sind – und das im Minutentakt. Etwa dafür, wie uns im Kontakt mit dem Digitalen Fähigkeit verloren zu scheinen gehen: Geduld beispielsweise. Wir gewöhnen uns daran, in den »Wartemomenten des Lebens« ein kleines elektronisches Etwas in der Hand zu halten: in der Bahn, im Wartezimmer, im Restaurant oder an der Supermarktkasse; unsere elektronischen Helferlein können nahezu alles – vor allem, uns die Zeit vertreiben. Und wenn sie uns dann gut die Zeit vertrieben haben, fehlt sie uns am Ende: die Zeit.

Tatsächlich fühlen sich nicht wenige von uns mehr und mehr gestresst; und auch das hat gefühlt mit der Digitalisierung zu tun, etwa mit der sogenannten Aufmerksamkeitsökonomie. Die unentwegte Beschäftigung mit Smartphone & Co. tut der eigenen Aufmerksamkeitsspanne und Konzentrationsfähigkeit nicht unbedingt gut; es gibt da Wechselwirkungen – Stichwort: digitale Zerstreuung,»digital distraction«. Es gibt außerdem die Erkenntnis, dass die menschliche Multitasking-Kompetenz vielleicht zumindest zum Teil eher in den Bereich des Wunschdenkens gehört. Wie die Kommunikationswissenschaftlerin Miriam Meckel es sagt:»Aufmerksamkeit lässt sich nicht teilen. Der Mensch hat nur einen Fokus in seiner Konzentration.« (Meckel 2008, 245) Die Fixiertheit auf das Smartphone – ein sich mehrendes Unfallrisiko.

»Das Phänomen gehört in Deutschlands Städten längst zum Alltag, es hat sogar schon Eingang in den Wortschatz gefunden. Smombies heißen jene Gestalten, die auf ihr Smartphone starrend durch die Straßen stapfen und nichts mehr wahrnehmen außer WhatsApp, Snapchat und Instagram. Chatten statt links und rechts schauen, streamen und daddeln statt anhalten und aufpassen. Um die derart abgelenkten Fußgänger vor sich selbst und heranfahrenden Straßenbahnen zu schützen, haben die Augsburger Stadtwerke jetzt eine innovative Sicherungsvorrichtung installiert: Rote Blinklichter am Boden sollen verhindern, dass Handy-Nutzer trotz roter Fußgänger-Ampeln die Tramtrasse überqueren.« (Mayr 2016)

Die Reichweite der Digitalisierung im persönlichen Alltag – etliche von uns stellen sich immer wieder Fragen in diese Richtung, nicht zuletzt auch im Hinblick auf den Nachwuchs: Hat man Kinder im»smartphone-fähigen Alter« (und welches Kind ist das, zumindest nach Selbsteinschätzung, heute nicht?), kann sich das mit der Digitalisierung im Alltag noch einmal als ganz anders darstellen; Aspekte der»digital distraction«, Abhängigkeitspotenziale, WhatsApp, der gesamte Komplex»Lernen und Schule« – all das stellt Eltern heute vor Herausforderungen. Einerseits sind da eine Menge Segnungen, auf die man nicht verzichten möchte; auf der anderen Seite ist da die gefühlte Über-Technologisierung, der Kommunikations- und Erreichbarkeitswahn; und gleichwohl werden WhatsApp-Gruppen reflexartig gegründet – sei es für eine Klassenpflegschaft oder eine Geburtstagsfeier. Leben in digital verursachter Ambivalenz.

»Analog ist das neue Bio?«

Auf gesellschaftlicher Ebene gibt es durchaus das »Dagegen« – wenn auch nicht im Geringsten vergleichbar mit den Maschinenstürmern des 18. oder den Protestbewegungen des 20. Jahrhunderts. Es gibt Diskurse, Impulse, Strömungen, die das Problematische an der Digitalisierung thematisieren. Es gibt selbstverständlich eine Menge an Coaches und Beratern mit »Digital-Diät«, »Digital-Therapie«, »Methoden zur digitalen Entgiftung« und »Digital Detox« im Gepäck. Und so mancher flüchtet sich in eine Nicht-Erreichbarkeit und feiert die Umsetzung des digitalen Abschaltens dann als Erkennungszeichen einer gelungenen Persönlichkeitsentwicklung und als Rückkehr zur Selbstbestimmung. Es gibt gesellschaftlich durchaus ein Bewusstsein für die Brisanz und Reichweite der digitalen Transformation – und gleichzeitig auch ein Bewusstsein dafür, dass dem sich hier auftuenden Spannungsfeld im Grundsatz nicht zu entkommen ist; dass diesen digitalen Wandel eben genau das kennzeichnet: Ambivalenz.

Einerseits Kritik, Unbehagen, andererseits als Segnung empfundener Fortschritt – und letztendlich allerorten eine breite gesellschaftliche wie auch persönliche Akzeptanz, sodass der Siegeszug der Digitalisierung unbeirrt fortschreitet. Der Versuch, sich diesen Entwicklungen vollständig zu entziehen, wirkt dann ebenso lächerlich, wie die Idee eines Verzichts auf elektrischen Strom. Fragt man, welche gesellschaftlichen Gruppierungen sich ausmachen lassen, und inwiefern diese das Spektrum an persönlichen Haltungen zur Digitalisierung abbilden, zeigen sich zwei Differenzierungsmöglichkeiten: a) die Frage nach der grundsätzlichen Haltung zur Digitalisierung beziehungsweise nach der Partizipation an der Digitalisierung und b) die Frage, was jeweils zu gewinnen oder zu verlieren ist durch die Digitalisierung (Cachelin 2015).

In Bezug auf die grundsätzliche Haltung und Partizipation kann man zwischen sogenannten Off- und Nonlinern unterscheiden: Offlinern geht es nicht um den gänzlichen Verzicht auf das Internet; sie wehren sich indes gegen eine selbstverständliche, fremdbestimmte, alternativlose Digitalisierung und den als autoritär wahrgenommenen Designprozess der digitalen Wirtschaft. Es geht Offlinern nicht um digitale Abstinenz, sondern um eine breitere Definition dessen, wie wir in Zukunft leben wollen. Es gibt in dieser Strömung erhebliche Heterogenität, viele Unterströmungen – wobei die gemeinsame grundsätzliche Stoßrichtung eben ist: Partizipation, Mitgestaltung der digitalen Zukunft in technologischer, politischer, wirtschaftlicher und gesellschaftlicher Hinsicht. Anders steht es mit der Gruppe der Nonliner – Bildungsferne, (ganz) Alte und global Isolierte. Neben einer Infrastruktur setzt die Teilnahme an der digitalen Gesellschaft auch entsprechende Netzwerke und Kulturtechniken voraus; wer gänzlich ohne diese Fähigkeiten bleibt, ist effektiv nonline: hat nicht nur keinen Internetzugang, sondern ist auch ansonsten, etwa ökonomisch, zunehmend »abgehängt«. Während die einen ihr Leben mehr und mehr in den digitalen Raum verlagern, kämpfen andere um sauberes Trinkwasser.

In Bezug auf die zweite Frage, wer durch die Digitalisierung gewinnt oder verliert beziehungsweise ob sich der eigene Status durch die Digitalisierung verbessert oder ein Abstieg droht, eröffnen sich weitere Differenzierungsoptionen: Kommt bei Statusgewinnern beispielsweise Optimismus hinzu, kann man von Digitalisierungstreibern sprechen. Statusgewinner können aber auch eher pessimistisch eingestellt sein und sich entsprechend weniger Digitalisierung wünschen. In diesem Fall spricht man von Digitalisierungsskeptikern. Die dritte Gruppe bilden schließlich pessimistische Statusverlierer. Sie tendieren indes dazu, sich als Digitalisierungsopfer zu fühlen. Eine verständliche Haltung, bedenkt man, dass auf diese Weise psychologisch das eigene Selbstwertgefühl stabilisiert wird.

Digitale Revolution?

»Das Internet ist für uns alle Neuland.«

Angela Merkel (*1954); Deutsche Bundeskanzlerin seit 2005; 2013

Der Begriff »Revolution«

Ist die sogenannte digitale Revolution tatsächlich eine Revolution? Medienberichte, Kongresse und Bücher rufen zwar eine »digitale Revolution« aus; doch faktisch handelt es sich bei dem, was wir gerade erleben – und künftig erleben werden –, um eine Langzeit-Entwicklung, die nicht erst kürzlich begann. So stelle ich als Informatiker und klar denkender Mensch ernüchtert fest, dass dabei letztlich seit Jahren inhaltlich wenig Neues zutage gefördert wurde. So rief 1996 Don Tapscott bereits die digitale Revolution aus: »Die neue Wirtschaft ist digital«, verkündete er damals (Tapscott 1996). Doch mehr als zwanzig Jahre danach scheint die Revolution – wenn überhaupt – vor allem im Untergrund stattzufinden. Als ein schleichender Prozess gleich dem eines Schwelbrandes.

Eine Evolution – und ihre Anfänge

Im Grunde kann man noch weiter zurückgehen, um einen möglichen Startpunkt der Digitalisierung auszumachen – bis in die 1880er-Jahre. Damals wurde die Hollerith-Maschine entwickelt, die Lochkarten verarbeitete, um damit die Daten einer Volkszählung in Amerika schneller erfassen und auswerten zu können. Ein Anfang der Mensch-Maschine-Kommunikation war gemacht. »Jedermann [wird] sein eigenes Taschentelephon haben, durch welches er sich, mit wem er will, wird verbinden können ... Überall wird er mit der übrigen Welt verbunden sein, mit ihr sprechen und sich mit ihr verständigen können, und er wird sie sehen, wenn er sie sehen will, und sei er auch tausend Fuß tief unter der Erde oder unter dem Spiegel des Ozeans, und wird gesehen werden in jeder, auch in der kleinsten Bewegung.« Das klingt wie ein Auszug aus einem Apple-Konzeptpapier, ist aber ein Text von Robert Sloss aus dem Jahr 1910, der einen prophetischen Blick in die Welt in hundert Jahren wagte (Sloss 1910). Weiter lohnt ein Blick in die 1980er-Jahre – und somit den Beginn des sogenannten Computerzeitalters: Durch die damaligen Veränderungen der Distributionstechnologie beim Fernsehen wurde die Anzahl der ausgestrahlten Programme deutlich gesteigert.

Was heute nun vielfach als »digitale Revolution« bezeichnet wird, hatte dann Beginn der 1990er-Jahre seinen Anfang, indem neue Technologien adaptiert wurden, die sowohl das Konsumverhalten als auch die Prozessabläufe in Unternehmen grundlegend veränderten. Von dieser Entwicklung ausgehend entstanden neue Anwendungen und Geschäftsmodelle (Bubolz 2016). In den 1990er-Jahren wurden diese technologischen Entwicklungen, die heute Kern vieler Digitalisierungsbestrebungen sind, noch als Multimedia bezeichnet. Es folgten: Internet-Ökonomie, Informations- und Wissensgesellschaft, New Economy, Next-Economy und neuerdings wahlweise Wirtschaft 4.0, Arbeit 4.0 oder Industrie 4.0. Also: Digitalisierung ist im Grunde nichts Neues. Dennoch eine Revolution?

Die Revolutionen

Grundsätzlich lohnt ein kurzer Blick auf die unterschiedlichen Lesarten von »Revolution«. In sozio-ökonomisch-technologischer Hinsicht unterscheiden wir ganz grob, mindestens: die *landwirtschaftliche* Revolution – circa 8000 vor Christus – Wandel von der Existenz als Jäger und Sammler zu Ackerbau und Viehzucht, Sesshaftwerden, Dorfgründungen; die *industrielle* Revolution – von etwa 1760 bis um 1840 – Erfindung der Dampfmaschine, Eisenbahnbau, Beginn der mechanischen Produktion –, mit dem Resultat massiver sozioökonomischer Veränderungen; und die gegenwärtige informationstechnologische oder *digitale* Revolution.

Man kann indes – und auch das ist heute recht verbreitet – die Einteilung in Revolutionen auch anders angehen. Dann gibt es nicht nur eine, sondern vier industrielle Revolutionen – und die digitale, an deren Beginn wir heute stehen, ist, nach dieser Zählung also die vierte industrielle Revolution.

Erste industrielle Revolution, circa 1760 bis um 1840. Dampfmaschine, mechanische Produktion, Eisenbahnen; *zweite* industrielle Revolution: spätes 19. Jahrhundert bis frühes 20. Jahrhundert, Jahrhundertwende – Elektrizität, Erfindung des Fließbandes, Beginn der Massenproduktion; *dritte* industrielle Revolution: Beginn in den 1960er-Jahren, sogenannte Computer- oder digitale Revolution – Entwicklung von Halbleitern, Großrechnern (1960er-Jahre), Personal Computern (1970er- und 1980er-Jahre) und des Internets (1990er-Jahre). Die *vierte* industrielle Revolution ist dann nun die, an deren Schwelle wir, wie gesagt, gerade stehen: »Sie begann um die Jahrhundertwende und basiert auf der digitalen Revolution. Ihre Kennzeichen sind ein allgegenwärtiges, mobiles Internet, kleinere und leistungsfähigere Sensoren, deren Herstellungskosten stark gesunken sind, sowie künstliche Intelligenz und maschinelles Lernen« (Schwab 2016, 17).

Was an diesem Punkt in der Auseinandersetzung mit den jeweiligen Revolutionen deutlich wird: Sozioökonomisch-technologische Transformationen verlaufen in »Wellen«: sich langsam aufbauend. Vieles, das augenscheinlich eruptiv daherkommt und deshalb als Revolution identifiziert wird, hatte zarte Vorläufer. Betrachtet man etwa den Siegeszug der Dampfmaschine und deren Entwicklung genauer, stellt man fest, dass bereits im Jahr 1712 von Thomas Newcomen eine Kraftmaschine konstruiert wurde, die den Dampfdruck nutzte und so Brackwasser aus Kohleminen pumpte. Doch ihr Wirkungsgrad lag bei damals lachhaften 0,5 Prozent. Es dauerte siebenundfünfzig Jahre, bis James Watt schließlich sein Patent der Dampfmaschine anmeldete. Dabei versechsfachte er den Wirkungsgrad und brachte so den Stein namens »Industriezeitalter« ins Rollen.

Alternative Sichtweise: Evolution

Man kann, und dafür plädiere ich, verschiedene Perspektiven einnehmen – und jeweils schauen, was sie hergeben, was mit ihnen an Klarheit gewonnen ist. Frage: Was spricht beispielsweise für den Begriff der Revolution? Antwort: dass wir es hier mit etwas fundamental Weichenstellendem zu tun haben. Dass beispielsweise 2012 in der von IBM durchgeführten CEO-Studie zum ersten Mal technologische Veränderungen als maßgebliche Faktoren für Wandel in Unternehmen genannt wurden – was bislang vorherrschende Marktfaktoren auf hintere Plätze verwies. Dabei hat die Geschwindigkeit dieses Wandels für viele signifikant zugenommen. Es finden umwerfende technologische Entwicklungsschübe statt – Autos bewegen sich nahezu selbstständig im Straßenverkehr, Algorithmen schaffen eine hohe Trefferquote in der medizinischen Tumorerkennung; und hinsichtlich dieser gänzlich neuen technologischen Errungenschaften werden durchaus auch gravierende, und zwar destruktive sozio-ökonomische Folgen latent sichtbar (Avant 2014). Dieses Spannungsfeld legt das Heranziehen des Revolutionsbegriffs nahe, plausibilisiert es; macht es zumindest nachvollziehbar.

Andererseits: Zu einer Revolution gehört, streng genommen, das Moment des Plötzlichen. Ein grundlegender und nachhaltiger struktureller Wandel, der abrupt oder in relativ kurzer Zeit erfolgt. Dieses Zeit-Kriterium trifft auf die Digitalisierung so nicht zu. Angesichts des bisherigen Verlaufscharakters ist es vielmehr nicht unstimmig, eher von einer Evolution als von einer Revolution zu sprechen.

In ihren Auswirkungen mag die Digitalisierung revolutionären Charakter haben. Ihrem Ursprung und ihrer Entwicklung nach und aus technologischer Perspektive handelt es sich indes um die konsequente Fortsetzung funktionierenden Handelns – eben ein evolutionärer Prozess. Während technologische Entwicklungen bislang unverbundene Insellösungen waren, so entsteht nun auf Basis unterschiedlicher Weiterentwicklungen der Hardware, Software und Kommunikationsinfrastruktur die Möglichkeit einer Verknüpfung bislang isolierter oder nur zart verknüpfter Bereiche. So greifen technologische Entwicklungen und Möglichkeiten nun wie Zahnräder ineinander. Und es ist bei den herstellerbezogen unterschiedlichen Umsetzungen mittlerweile zu einer hinreichenden Standardisierung technischer Formaten und Infrastrukturen gekommen, so das gemeinsame Werteketten und eine ineinander verzahnte Marktbearbeitung möglich werden.

Die ›digitale Revolution‹ ist eine Meinung – nur: leider falsch.

Die Frage ist auch: Was ist damit gewonnen, dass wir das Kind »Revolution« nennen? In welchen Kontexten tun wir das, und zu welchem Zweck? Zuweilen kann man sich beispielsweise des Eindrucks nicht erwehren, als wollten gerade die eine Revolution heraufbeschwören, die den Zug der Digitalisierung verpasst haben – es versäumt haben, den Markt im Blick zu halten oder digitale Entwicklungen als »für sie irrelevant« abgetan und ignoriert haben. Mit dem Begriff »Revolution« lässt sich leicht von eigenem Fehlurteil, Unvermögen oder Managementfehlern ablenken. Denn von einer *Revolution* überrollt zu werden – das ist entschuldbar, das kann schließlich jedem passieren, da ist man quasi machtlos. Doch: So ist es eben nicht.

Dennoch: Revolutionärer Paradigmenwechsel

Trotz aller Einwände gegen das Strapazieren des Begriffs »Revolution«: Das Ausmaß der Veränderungen im Zuge der Digitalisierung ist enorm – das stelle ich nicht in Abrede, im Gegenteil. Es sind Veränderungen auf verschiedensten Ebenen – und durchaus, wie man so schön sagt: Paradigmenwechsel.

Ein wesentlicher Paradigmenwechsel spielt sich beispielsweise in Bezug darauf ab, wie wir Eigentum begreifen. Eine wohl elementare Änderung – denn unser kapitalistisches System definiert sich schließlich durch Privateigentum; und wenn es ein Symbol dafür gibt, ist es, wie Jeremy Rifkin erinnert, der Besitz eines eigenen Wagens. Es gibt in manchen Teilen der Welt mehr Menschen mit eigenem Auto als Menschen, die ein Dach über dem Kopf haben. Und für viele – wie auch für mich – war der Erwerb des ersten eigenen Automobils der Inbegriff des erwachsenen Freiseins. Doch: Die Beziehung zum Auto ändert sich. So wird beispielsweise Carsharing immer beliebter. Damit hat jedes Mitglied eines entsprechenden »Klubs« gegen eine geringe Mitgliedsgebühr Zugang zu einem Wagen – und zwar immer dann, wenn einer benötigt wird. Durch die Nutzung solcher Dienste sinkt die Anzahl der Fahrzeuge in Privatbesitz der Mitglieder dieses Klubs.

Nun ist Carsharing indes im Grunde genommen nichts anderes als – wie der Name schon sagt: Teilen. Was sich hier abzeichnet, ist ein Trend, der nicht zwingend an die Digitalisierung gekoppelt ist, und der als »Ökonomie des Teilens« bezeichnet wird: Eigentum in den Händen mehrerer.

Ein anderer Perspektivwechsel, der sehr direkt mit der Digitalisierung zu tun hat, ist möglicherweise fundamentaler und weitreichender: der Wandel vom Besitz zur Nutzung dahin gehend, dass das jeweilige Gut, der jeweilige Gegenstand – oder, anders gesagt, die jeweilige Ware – anders verstanden werden. Es findet ein Wandel in der Auffassung von »Besitz« statt, weil sich die Auffassung des jeweiligen Verbrauchsgutes ändert. Luciano Floridi beschreibt das – aus philosophischer Sicht – so: »Der nächste Schritt ist es, in Bezug auf die Wirklichkeit umzudenken und immer mehr ihrer Aspekte in Informationsbegriffen neu zu denken.« ... Wir sind dabei, einen Blickwechsel zu vollziehen und unsere gewöhnliche geschichtliche und materialistische Wirklichkeitssicht, in der physische Objekte und mechanische Prozesse eine entscheidende Rolle spielen, aufzugeben zugunsten einer hypergeschichtlichen und informationellen Auffassung von Wirklichkeit. Dieser Wechsel äußert sich als Entmaterialisierung der Gegenstände und Prozesse in dem Sinne, dass sie tendenziell als trägerunabhängig aufgefasst werden.

Nehmen wir eine Musikdatei. Musikdateien sind typifiziert in dem Sinne, dass ein Exemplar (man sagt auch Token) eines Objekts – zum Beispiel meine Kopie einer Musikdatei – so gut ist wie sein Typ, in dem Beispiel Ihre Musikdatei, von der m ein Exemplar eine Kopie darstellt. Dazu wird davon ausgegangen, dass sie sich standardmäßig klonen lassen in dem Sinne, dass meine Kopie und Ihr Original nicht voneinander unterschieden werden können und somit untereinander austauschbar sind. Im Fall von zwei digitalen Objekten kann man unmöglich sagen, bei welchem es sich um die originale Quelle handelt und bei welchem um die Kopie, wenn man nur ihre Eigenschaften untersucht und nicht auf irgendwelche Metadaten wie etwa einen Zeitstempel zurückgreift ... Weniger Nachdruck auf das Materielle von Gegenständen und Prozessen zu legen heißt, dass das Nutzungsrecht als mindestens ebenso wichtig erachtet wird wie das Eigentumsrecht.« (Floridi 2015, 75f.)

Dem – oftmals vergleichsweise kostenintensiven – Besitzrecht wird ein – oftmals günstig scheinendes – Nutzungsrecht vorgezogen; obgleich vielfach nicht so verstanden. Wer würde schon sagen: »Ich habe für ein Musikalbum ein Nutzungsrecht erworben« statt »Ich habe mir ein Musikalbum gekauft«? Die Rechtslage ist hier eine Frage des Kleingedruckten; vieles ist hier noch offen, bedarf noch einer gerichtlichen Erstklärung.

Die Folge dieses Paradigmenwechsels im Besitzrecht ist, dass man auf Basis eines neuen ökonomischen Prinzips in die Lage versetzt wird, sich einen Lebensstil zu »mieten«; und diesen situativ an die eigenen Bedürfnisse und Lebenslagen anpassen zu können. So schön und vorteilhaft diese Entwicklung im ersten Moment klingen mag, so sehr wird damit die Zerbrechlichkeit des eigenen Lebens – und schließlich der Gesellschaft – gefördert. Doch ironischerweise beabsichtigen viele durch den Erwerb von Nutzungsrechten eben diese Zerbrechlichkeit der eigenen Lebensverhältnisse zu reduzieren: Indem weniger Besitz finanziert werden muss, sondern lediglich Nutzung bezahlt, und damit »Kapitalmobilität« gefördert wird.

Nutzungsrechte zu erwerben klingt auch auf den ersten Blick vernünftig – wenn es sich um Luxusgüter handelt. Denn anstelle des klassischen Mechanismus, nur so viel zu kaufen (und zu besitzen), wie man auch finanzieren kann, steigt die Gefahr, so viele Nutzungsrechte zu erwerben, wie man finanzieren kann. Die mögliche Folge: Sinkt die eigene Finanzkraft, hat man nicht mal mehr etwas, das genutzt (oder verkauft) werden kann. Früher erwarb man beispielsweise ein Besitzrecht an einer Software und konnte diese über viele Jahre nutzen; heute erwirbt man vielfach nur noch ein Nutzungsrecht und kann dieses so lange ausüben, wie man für die Software bezahlt – oder bis der Anbieter Preis oder Nutzungsbedingungen verändert. Da kann auch nicht drüber hinweghelfen, dass gerade die Befürworter dieser »erweiterten Shareconomy« – die mittlerweile von Autos über Wohnungen, Kleidung, Werkzeuge, Spielzeug bis hin zu Know-how reicht – damit argumentieren, dass es in weiten Teilen der Bevölkerung bis zur Durchsetzung des Kapitalismus normal war, alles gemeinsam zu tun – baden, urinieren, defäkieren, essen, schlafen – oder zu besitzen. Denn das Leben und Denken des 16. Jahrhunderts unterscheidet sich (hoffentlich) signifikant von unserem heutigen.

Vergleichbare Perspektivenwechsel vollziehen sich auch in der Wirtschaft: Die klassische Strategieliteratur lehrt, Unternehmen sollten Kernkompetenzen aufbauen und nutzen. Diese sind davon geprägt, dass sie am Markt einen Mehrwert generieren, schwer zu kopieren und nicht substituierbar sind. Das Konzept der Kernkompetenzen geht zurück auf Prahalad und Hamel und ihren »Ressource-Based-View«. Danach soll ein Unternehmen eben in diese strategisch wichtigen Ressourcen investieren, sie weiterentwickeln und bestmöglich schützen und unter dem eigenen Zugriff halten. Denn darin liegt der Kern der Wettbewerbsvorteile (Prahalad/Hamel 1990).

In der digitalen Wirtschaft lässt sich nun beobachten: Unternehmen sind erfolgreich, ohne strategisch wichtige Ressourcen oder Fähigkeiten selbst zu besitzen. Anstelle von Kernkompetenzen halten sie lediglich den Zugang zu Ressourcen und Fähigkeiten. Jeremy Rifkin sieht diese Entwicklungen in direktem Zusammenhang mit der Neuauffassung beziehungsweise – so Rifkin – dem Verschwinden des Privateigentums: Angetrieben von der Beschleunigung der technischen Innovationen beschleunigt die digitale Wirtschaft wiederum selbst; in dieser Spirale wird langfristiger Besitz im Vergleich zum kurzfristigen Zugang zunehmend unattraktiver, weil technische Ausrüstung, Güter, Produktionsprozesse und Dienstleistungen in solch einer Umgebung schneller veralten (Rifkin 2000). Dergestalt findet also der Paradigmenwechsel – Zugang statt Besitz – zunehmend auch Eingang in die Geschäftslogiken von Unternehmen.

Digitale Wirtschaft?

»Das Internet ist eine Spielerei für Computerfreaks, wir sehen darin keine Zukunft.«

Ron Sommer (*1949); ehemaliger Telekom-Vorstandsvorsitzender

Was ist das überhaupt: digitale Wirtschaft? Was ist das Neue daran? Welche Strukturen und/oder Handlungsfelder tun sich damit auf?

Was heißt »digitale Wirtschaft«?

Der Bundesverband der Mittelständischen Wirtschaft e.V. (BVMW) versteht unter »digitaler Wirtschaft« die Zusammenfassung der IT- und Telekommunikationsbranche sowie der Internetwirtschaft. Diese Auffassung teilen auch verschiedene andere etablierte Institutionen, wie der Bundesverband Digitale Wirtschaft oder der Nationale Wirtschaftsrat – und es scheint zunächst einmal eine klare und eindeutige Definition zu sein. Doch welcher Branche gehört dann ein Automobilhersteller wie BMW an, der neben Autos mit seiner Sparte ConnectedDrive Softwarelösungen zur intelligenten Vernetzung von Fahrzeug, Fahrer und Außenwelt kreiert? Ist er noch Teil der Autoindustrie oder gehört er zur digitalen Wirtschaft? Was ist mit einem Discounter, der Bankdienstleistungen an der Supermarktkasse anbietet – ist er weiterhin schlicht ein Handelsunternehmen oder in Teilen doch schon digitale (Bank-)Wirtschaft? Ein Sowohl-als-auch würde zwar das Dilemma lösen, aber nicht wirklich weiterhelfen. Die Definition greift schlicht zu kurz.

Grundsätzlich haben wir es zurzeit auf Unternehmensseite mit einem Ausmaß an Veränderungen zu tun, das darauf hinausläuft: »Digitale Wirtschaft« meint nicht lediglich IT-, Telekommunikations- und Internetbranche, sondern den überwiegenden Teil der Wirtschaft überhaupt. Der Zusatz »digital« kann im Grunde nur als Fortschreibung der »industriellen Wirtschaft« zu einer »digitalen industriellen Wirtschaft« gedeutet werden.

Die Digitalisierung wird schlichtweg alle Branchen und alle Bereiche eines Unternehmens betreffen; sie ist nicht etwa auslagerbar in die IT-, Telekommunikations- oder Internetbranche.

Überlegungen in diese Richtung stellt beispielsweise Marc Andreessen in seinem viel besprochenen Essay im Wall-Street-Journal (Andreessen 2011) an: Danach wird künftig in einer digitalen Wirtschaft, vereinfacht gesagt, jedes Unternehmen zu einem Software-Unternehmen. Eine klare, eindeutige Abgrenzung von »digitaler Wirtschaft« und »analoger Wirtschaft« ist aus dieser Sicht so einfach also nicht; vielmehr wird Wirtschaft – überwiegend eben nach dieser Lesart: digitale – Wirtschaft sein.

Digitale Wirtschaft: Marktstruktur – Veränderungen

Ein erster Bereich fundamentaler Veränderungen: die Marktstrukturen – zunächst einmal im Zuge einer Transformation, die als zunehmend enge Verzahnung von physischer und virtueller Welt beschreibbar wird. In Folge dieser Verzahnung, oder auch Verschmelzung, werden sich Produkte, Prozesse und (Dienst-)Leistungen teils extrem wandeln. Neue Angebote und Möglichkeiten führen zu einem Aufbruch und einer Umformung bekannter Strukturen; die Grenzen zwischen physischen und digitalen Gütern verschwimmen zunehmend. Neue Produkte entstehen als »digicals« in der Mitte des Kontinuums von digitalen Produkten (digital) und physischen Produkten (physical). Dabei mahlen die Mühlen der Veränderung schnell. Dauerte es vor einiger Zeit noch Jahre bis Jahrzehnte, so dauert es heute nur noch Monate, bis sich neue Produkte durchsetzen.

Diese Strukturveränderungen wird es insbesondere in den Marktbereichen geben, bei denen sich Tätigkeiten und Know-how standardisieren lassen. Denn überall dort, wo Standards existieren oder geschaffen werden können, sind meist auch digitale Lösungen möglich – zumindest lohnt sich die unternehmerische Suche danach: beispielsweise für die Tätigkeitsfelder der klassischen Sportjournalisten, Kraftfahrer, Unternehmensberater, Verkäufer, Trainer, Steuerberater, Marktforscher, Ärzte, Juristen; hier sind Aufgabenbereiche teils oder gar gänzlich digitalisierbar. Digitalisierung bedeutet im Grunde in diesem Kontext, vereinfacht gesagt: Das menschliche Tun lässt sich in Einzelelemente zerlegen, es lassen sich Standards definieren, diese Standards sind formalisierbar und so automatisierbar (Meyer 2016). Der Mensch wird dabei möglicherweise nicht völlig aus dem Leistungsprozess verschwinden, indes eine andere Rolle einnehmen (und wird gegebenenfalls austauschbarer).

Zur Veränderung in den Marktstrukturen zählt auch ein anderer, wesentlicher und exemplarischer Bereich: die Kaufentscheidung. Die Reise des Kunden zur Ware, zum Produkt oder zur Dienstleistung – »Customer Journey« – ist eine gänzlich andere als bislang gewohnt. Schon der Erstkontakt zwischen Kunde und Anbieter gestaltet sich anders; kommt beispielsweise im Social Web zustande. Im Ergebnis fungiert die Internetseite eines Unternehmens nicht mehr nur als Schaufenster, sondern zunehmend als Abwicklungs- beziehungsweise Transaktionsportal. Kunden können ihre Bestellung platzieren, den Status von Bestellungen einsehen, auf digitale Services rund um den Kauf (und auch die Nutzung) von Produkten und Dienstleistungen zugreifen et cetera.

Diese Entwicklungen machen auch vor den Großen der Wirtschaft nicht halt – im Gegenteil: Sie stehen unter besonderem Druck. So sind über digitale Kommunikationswege neue Wettbewerber ebenso leicht global erreichbar und vergleichbar. Eine Folge gerade für die deutsche Wirtschaft kann sein, dass möglicherweise die Unternehmen, die in der Vergangenheit die prägenden Säulen des deutschen Wirtschaftswunders und der Position Deutschlands als Exportweltmeister waren, künftig nicht mehr in diesem Ausmaß Zugpferde sind. Globalen Konzernen neuen (digitalen) Typs – zumeist amerikanischer oder asiatischer Prägung – ist zuzutrauen, marktbeherrschende Stellungen einzunehmen und zu verteidigen – indem aufkeimende, das eigene Geschäftsmodell bedrohende, Innovationen durch Aufkaufen und anschließendes Beenden der jeweiligen Geschäftsidee unterbunden werden. Die gegenwärtigen Internet-Größen Amazon, Apple,

Mittelstand aufgepasst:
Digital ist für Dich genial.

Facebook und Google sind hier nur die Vorhut. Doch: Gerade für den insbesondere mittelständig geprägten Wirtschaftsstandort Deutschland, speziell mit seinen vielen hidden champions, bieten die Strukturveränderungen auch besondere Chancen – und besondere Möglichkeiten, diese zu nutzen.

Machtverhältnisse in der digitalen Wirtschaft

Neben den Strukturveränderungen geht mit der digitalen Wirtschaft auch eine Veränderung der Machtverhältnisse im Markt einher. Die klassische Unternehmensausrichtung am Markt zielt primär auf möglichst weitreichende Systemkontrolle und Wettbewerb. Hier kommt es nun zu einer entscheidenden Verlagerung: Entwicklungen wie vor allem Online-Plattformen und ähnliche Möglichkeiten digitalen Wirtschaftens verleihen, wie wir noch sehen werden, Stakeholdern – insbesondere Kunden – deutlich mehr Macht. Wenn eine traditionelle Frage lautet: Käufer- oder Verkäufermarkt?, dann wird die Antwort künftig vermehrt lauten: Käufermarkt!

Kommunikationsprozesse zwischen Kunden und Unternehmen wandeln sich; vorhandene Regeln in der Kundenansprache weichen auf. Ein Beispiel aus dem Unternehmenskontext: Die Tatsache, dass ein Einkäufer heute mit nur wenigen Mausklicks eine Liste potenzieller Geschäftspartner inklusive Auskünften über deren Produktqualität, Kundenzufriedenheit und Bonität auf den Bildschirm holen kann, bedeutet: Firmenkunden werden zunehmend etwa gegen sogenannte Kaltakquise immunisiert. Denn: Warum sollte ein unbekannter Verkäufer noch angehört werden, wenn sich ein Einkäufer in aller Ruhe selbst informieren und initiativ einen Vertreter des aus eigener Sicht relevanten Geschäftspartners anrufen kann. Und zwar dann, wenn er – der Einkäufer – so weit ist. Nach einer Studie der IBM laufen mittlerweile 97 Prozent aller Kaltakquiseaktivitäten ins Leere. Die Digitalisierung für sich unternehmerisch erfolgreich gestalten, heißt in einem Fall wie diesem: Statt in eine Weiterentwicklung der Kaltakquisefähigkeiten, besser in den Aufbau eines echten Netzwerks an Kontakten investieren, um über dieses und daraus entstehende Empfehlungen Geschäfte zu generieren.

Das Kommunikationsverhalten von Menschen ist vermehrt durch soziale Medien geprägt. Man tauscht sich intensiv, auf unterschiedlichen Plattformen, über Produkte und Dienstleistungen aus, teilt negative und positive Erfahrungen, orientiert sich sowohl an den Berichten anderer Nutzer als auch an Bewertungs- und Vergleichsportalen. Dies nicht nur als Gefahr, sondern insbesondere auch als Chance wahrzunehmen – hier liegt eine neue unternehmerische Aufgabe in der digitalen Wirtschaft: direkte Interaktion mit dem Endkunden, besseres Verständnis für seine Wünsche und Bedürfnisse et cetera.

Diese Machtveränderung hat auch eine andere Seite, mit ihr verbunden ist die unternehmerische Sorge vor negativen Konsequenzen, wie sie sich schlimmstenfalls als »Shitstorms« äußern: eine plötzlich und nur über einen kurzen Zeitraum hinweg feststellbare große Anzahl an Nachrichten und Äußerungen, die in ihrer Tonalität nicht nur kritisch, sondern extrem negativ, empört, beleidigend oder auch bedrohlich sind und so – etwa auf einer Internetplattform, in den sozialen Medien – publiziert werden, oftmals schon nach kurzer Zeit vom Ursprungsthema entkoppelt. Der Grund oder zumindest Anlass für einen Shitstorm liegt zumeist darin, dass die Erwartungen auf eine Einhaltung von Werten oder Konventionen von Kunden oder gar Nicht-Kunden-Gruppen extrem enttäuscht wurden und/oder eine starke Verunsicherung dahin gehend stattgefunden hat; das muss nicht unmittelbar passiert sein, sondern kann auch schon länger zurückliegen; der Sache nach geht es ursprünglich oft um etwas, das ein Großteil der Gesellschaft als nicht unbedingt wirklich weltbewegend, sondern eher als nebensächlich oder randständig begreifen würde.

Produkte und Geschäftsmodelle auf dem Prüfstand

»An den Grundsätzen hält man nur fest, solange sie nicht auf die Probe gestellt werden; geschieht das, so wirft man sie fort wie der Bauer die Pantoffeln und läuft, wie einem die Beine von Natur gewachsen sind.«

Otto von Bismarck (1815–1898); deutscher Politiker

Ein Geschäftsmodell kann als diejenige Strategie definiert werden, die ein Unternehmen nutzt, um Werte zu generieren und Geld zu verdienen. Es ist eine Antwort auf die Fragen: Wer sind unsere (Ziel-)Kunden? Was bieten wir diesen an? Wie erbringen wir eine Leistung und stellen diese her? Wie erzielen wir dabei Erträge? Verändern sich die Antworten auf zwei dieser Fragen, so kann man von einer Geschäftsmodellinnovation sprechen (Gassmann et al. 2013).

Irren und Fehleinschätzungen – gerade auch in Bezug auf das eigene Geschäftsmodell – sind menschlich verständlich, kommen einen aber normalerweise teuer zu stehen.

Geschäftsmodelle tendieren generell dazu, im Laufe der Zeit eine von den Beteiligten bestimmte Produkt- und Prozesskomplexität zu entwickeln. So werden beispielsweise nach und nach Produkt-, Preis- und Prozess-Sonderfälle realisiert, um individuelle Kundenwünsche oder Kundengruppen anzusprechen. Des Weiteren läuft vieles zumeist nicht formal exakt formuliert und standardisiert ab, sondern informell und/oder gewohnheitsmäßig (Christensen 1997). Daraus können Spielräume und Gestaltungsfreiheiten entstehen, was eben ermöglicht, beispielsweise individuelle Kundenwünsche zu realisieren. Für nicht-digitale Geschäftsmodelle können darin Erfolgsfaktoren liegen; ein großes Hindernis tut sich hier hingegen auf, wenn Geschäftsmodelle digital etabliert werden sollen.

Die Digitalisierung ist im Grunde eine Einladung an alle Unternehmer, die eigenen Produkte, Geschäftsmodelle und -prozesse – behutsam und umsichtig – auf den Prüfstand zu stellen.

Neue Produkte und Möglichkeiten

Auch wenn Digitalisierungsberater dies gern empfehlen: Es gibt keinen Zwang zur kompletten Neuaufstellung des Geschäftsmodells. Für ein etabliertes Unternehmen ist es im Gegenteil sinnvoll, auf einem funktionierenden Geschäftsmodell aufzubauen und es digital zu erweitern. Daraus kann dann auch ein ganz neues Geschäftsmodell entstehen – allerdings ist dies nicht zwingend notwendig.

Ein ähnliches »Ball flachhalten« gilt für die Ausdehnung: Denn auch wenn es technisch relativ einfach scheint, Angebote sogleich international anzubieten und der damit verbundene Reiz, dies auch zu tun, sehr groß ist, ist es ein guter Weg, die eigenen Angebote – zumindest im ersten Schritt – national oder regional begrenzt zu lassen. Denn diese Projekte sind um bis zu 70 Prozent rentabler als vergleichbare internationale Start-ups; es wird der mit Internationalisierung verbundene Mehraufwand in Prozessen und Abwicklung oftmals unterschätzt. Für Unternehmen wichtig ist, gemäß der Zukunftsstudie des Münchner Kreises, bei der Digitalisierung zunächst insbesondere den Prozess von der Produktion hin zum Kunden zu beschleunigen – ohne Qualitätsverlust (Münchner Kreis 2015).

Mit Blick auf neue Produkte entwickeln sich die digitalen Komponenten zu deren dominierendem Bestandteil. Deshalb, so kann man schlussfolgern, ist ein digital vernetzter Wagen auch kein wirkliches Auto, sondern ein »Computer auf Rädern«. Dies bedeutet: Für viele Produkte braucht es ein Umdenken im Design. Anstelle eines Aufpfropfens neuer digitaler Technik auf bestehende Produkte empfiehlt sich ein vollständiges Redesign. Zudem ist für ein autonomes Handeln von Maschinen oder Programmen weit weniger oft künstliche Intelligenz notwendig als von vielen vermutet. Stattdessen genügt eine ausreichende Menge an Sensoren. Mit ausreichender

Rechenleistung und hinreichend vielen dieser Sensoren können Maschinen innerhalb der Grenzen, die wir ziehen, ihre Aufgaben ausgezeichnet erfüllen.

Zu den Optionen, die in Bezug auf die eigenen Produkte möglich sind, wurde bereits viel geschrieben – im Grunde schon so viel, dass jedes Unternehmen im Pool der Ideen schon hinreichend fündig werden dürfte hinsichtlich der Eigenentwicklung. Deshalb nenne ich jetzt hier lediglich einige denkbare Ansatzpunkte: Es gibt einen Markt für datenzentrierte Produkte dergestalt, dass bestehende (physische) Produkte (beispielsweise Anlagen) mit digitalen Daten erzeugenden Komponenten ausgestattet werden, die dann mit Blick auf neue Produkte ausgewertet werden können (beispielsweise vorausschauende Instandhaltung). Ebenso kann die Vernetzbarkeit und Kommunikationsfähigkeit von Produkten einen Neuheitsgrad bieten: Produkte können mit anderen Produkten kommunizieren oder von außen abgefragt werden, oder Produkte können externe Datenquellen (beispielsweise als Referenz) integrieren. In Produkte, die bereits über digitale Komponenten verfügen (beispielsweise eine Software zur Bedienung), kann eine flexible Erweiterbarkeit (beispielsweise durch kostenpflichtige Zusatz-Apps) integriert werden. Und schließlich kann eine Option darin liegen, bestehende Standardprodukte individualisierbar zu gestalten (Münchener Kreis 2016).

Ein Beispiel für die Anwendung digitaler Möglichkeiten auf eigene Produkte sind die »location-based-services«, die standortbezogenen Dienste: gänzlich neue – und oftmals noch ungenutzte – Möglichkeiten zur geschäftstauglichen Verbindung von On- und Offline-Welt. Für das Marketing beispielsweise interessant: Die Erreichbarkeit von Kunden für Werbung und der Erfolg von Werbung nehmen bei geografischer Nähe offenbar deutlich zu (Dziemba/Wenzel 2014).

Plattformökonomien und Wertschöpfungsketten

Unternehmerisches Handeln – das heißt, ganz allgemein gesagt: Ausrichtung auf das Erzielen einer höchstmöglichen betrieblichen Wertschöpfung. Digitale Wirtschaft geht nun auch in dieser Hinsicht mit Umdenken, mit Neuem einher. Das klassische Verständnis von Wertschöpfung, dem noch die meisten Unternehmen folgen, sieht im Grundsatz so aus: Arbeitsprozesse schaffen sukzessiv akkumulierend Gebrauchswerte, die dann von einem Unternehmen auf dem Markt mittels Transaktion quantifiziert und getauscht werden; dabei ist das Grundmodell, das meist ganz selbstverständlich zugrunde gelegt wird, die Portersche Wertkette oder Wertschöpfungskette, im Prinzip bestehend aus: Unternehmensinfrastruktur, Personalwirtschaft, Technologieentwicklung, Beschaffung – im Weiteren verknüpft mit den Wertschöpfungsketten von Lieferanten und Abnehmern. Dieses traditionelle Verständnis von Arbeitsorganisation und Wertschöpfung ist für wesentliche, neue, kollaborative Wertschöpfungsformen in der digitalen Wirtschaft – namentlich die Plattformökonomie – ungeeignet.

Digitale Plattformen sind ein Schlüsselmoment der wirtschaftlichen Transformation. Die größte Zahl der Leistungen im Internet wird über Plattformen an Kunden herangetragen. Dabei sind diese Plattformen deutlich mehr als nur ein digitaler Vertriebskanal. Plattformen bilden ein Ökosystem, innerhalb dessen Menschen und Unternehmen interagieren. Sie verbinden Kunden und Anbieter durch Kombinationen innovativer Geschäftsmodelle, ermöglichen den Austausch von Informationen und wirtschaftlichen Leistungen. Durch konstante Interaktionen entwickeln sich die Akteure ebenso wie das Ökosystem selbst, die Plattform, weiter. Seitens der Plattformbetreiber werden dahin gehend gezielt Daten gesammelt und meist auch den Plattformakteuren – hier vor allem den Anbietern – zur Verfügung gestellt; dergestalt tragen alle gemeinsam zum Wachstum und zur Weiterentwicklung bei. Ihren Ursprung haben Plattformen dieser Art in Branchen mit digitalen oder leicht austauschbaren Produkten; sukzessive finden sie allerdings auch den Weg in traditionelle Industriebranchen (Moser et al. 2016).

Das aus ökonomischer Sicht Attraktive an Plattformen sind: geringe Investitionskosten, hohe Margen. Traditionelle Unternehmen kennzeichnet das genaue Gegenteil: hohe Investitionskosten bei geringen Margen. Die Kapitalproduktivität ist damit bei Plattformen hoch; auch ein möglicher Grund für die positive Bewertung von Plattformen seitens der Anleger und Investoren: Plattformen verzinsen das eingesetzte Kapital weitaus besser als traditionelle; die hohen Kurse bilden die hohen Eigenkapitalrenditen ab.

Plattformen stiften einen besonderen Nutzen für Konsumenten, weil sie Güter schnell und kostengünstig zur Verfügung stellen. Je größer sie werden, desto größer wird der Nutzen für die Konsumenten. Es kommt eine Erfolgsspirale in Gang. Entscheidend ist der sogenannte Netzwerkeffekt. Dieser entsteht, wenn sich der Nutzen eines Produkts oder einer Dienstleistung mit der Zahl der Kunden verändert. Im Fall eines positiven Netzwerkeffekts steigt der Nutzen für den einzelnen Kunden, je mehr andere Kunden dieses Produkt verwenden. Man kann sich diesen Effekt einfach klar machen, indem man mal darüber nachdenkt, den Messenger zu wechseln: weg von WhatsApp, hin zu einem seiner vielen Marktbegleiter. Es ist möglicherweise ein ganz ausgezeichneter Messenger, vielleicht in vielen Funktionen WhatsApp haushoch überlegen; und dennoch: Solange niemand in Ihrem sozialen Umfeld diesen WhatsApp-Konkurrenten nutzt, ist er effektiv wertlos. Und umgekehrt: Je mehr Benutzer WhatsApp verwenden, umso wertvoller wird es.

Beschrieben werden diese Netzwerk-Eigenschaften vom sogenannten Metcalfe'schen Gesetz. Als Faustregel für die Einschätzung des Kosten-Nutzen-Verhältnisses von Kommunikationssystemen besagt es: Der Nutzen eines Kommunikationssystems wächst proportional zur Anzahl der möglichen Verbindungen zwischen den Teilnehmern – das heißt dem Quadrat der Teilnehmerzahl. »Netzwerkeffekte‹ sind Rückkopplungseffekte, die ein Netzwerk immer einflussreicher oder reicher machen. Das Metcalfe'sche Gesetz postuliert, dass ein Netzwerk so viel wert sei, wie das Quadrat der Anzahl seiner Knoten. Das bedeutet, der Wert nimmt immer rasanter zu, wenn ein Netzwerk erst wächst.« (Lanier 2014, 225)

Man kann den immensen Erfolg der Plattformökonomie auch anders beschreiben – etwa aus Herstellersicht: Die erfolgreichsten und größten Plattformen beherrschen die digitale Wirtschaft. Je größer sie werden, desto mehr sind sie in der Lage, die Hersteller zur Seite zu schieben, sie ins Abseits zu drängen – insbesondere auf sogenannten Two-Sided-Markets –, durch Erhöhung der Vermittlungspreise und Abschottung der Hersteller vom Kunden, also Monopolisierung der Kundenkontakte, dabei unerhörte Gewinne schreibend. Der Gedanke eines digitalen Feudalismus liegt nahe (Keese 2016). Gerade die Platzhirsche der digitalen Welt – wie beispielsweise Apple, Amazon oder Google – haben durch die von ihnen begründeten Plattformen die Möglichkeit, zu fixieren und zu binden. Nicht ohne Grund ist bereits daher von einem Apple-Universum oder einer Google-Welt die Rede. Es entstehen sogenannte walled gardens. Andererseits liegen in Plattformen auch deutliche Chancen. Sie verschaffen manchen Unternehmen einen Zugang zu Märkten, wo sie alleine nie gelandet wären. In erster Linie freilich liegen die Vorteile aufseiten der Kunden und Konsumenten.

Eine neue Rollenverteilung im Markt, fundamental neue Gestaltungsmöglichkeiten der Wertschöpfungskette – all das stellt Unternehmen nicht nur vor technische, sondern auch vor organisatorische und kommunikative Herausforderungen. Bedarf es doch nicht nur funktionierender, sondern exzellenter Prozesse und digitaler Schnittstellen, die sich mit Blick auf Klarheit, Schnelligkeit und Eleganz an den bereits verfügbaren Benchmarks wie Apple und Google orientieren. Neue Rollenverteilung – das heißt beispielsweise: Es wird Konsumenten möglich, auch fragmentierte oder vernetzte Kaufentscheidungen zu fällen. So wird die klassische Unterscheidung von Produzent und Konsument aufgeweicht im Sinne des Tofflerschen Konzepts eines Prosumenten: eines Verbrauchers, der gleichzeitig auch Produzent ist (Ritzer 2010).

Die Digitalisierung fungiert insoweit unter anderem auch als Treiber einer kollaborativen Wertschöpfung; das kann etwa bedeuten, Nachfrager (Kunden) in die eigenen (Unternehmens-)Wertschöpfungsprozesse zu integrieren – eine Herausforderung an Unternehmen, neben der funktionalen Exzellenz auch gewissermaßen, »Kontakt-, Kommunikations- und Beziehungsexzellenz« anzustreben. Denn grundsätzlich gilt: Die Interaktion mit dem Kunden erfährt im Zuge der Digitalisierung Verbreiterung, Intensivierung – und Verlängerung: bis in die Nachkaufphase den Kontakt zum Kunden aufrechtzuerhalten, wird durch die Digitalisierung nicht nur gefördert, sondern gar gefordert. Produktunterstützung oder Servicebereich werden erwartet – und liefern zudem auch Ansätze für »follow-up«-Verkäufe (Elste 2016).

In der Verlängerung der Wertschöpfungskette – die früher oftmals mit der Auslieferung eines Produkts an den Kunden endete – liegen entscheidende neue Möglichkeiten. Mittels Digitalisierung lässt sich Wertschöpfung auf den gesamten Einsatzlebenszyklus ausdehnen; dass Einzige, was es braucht, sind monetarisierbare digitale Mehrwerte für den Kunden – für die gesamte Nutzungszeitspanne.

Alles umsonst? Gratisökonomie

Gratis-Ökonomie ist typisch für die digitale Transformation. Sowohl Chris Anderson als auch Jeremy Rifkin sind der Ansicht: Gratiskultur ist im Internet kein Nischenphänomen (Anderson 2009, Rifkin 2014). Vervielfältigung und Verbreitung von digitalen Produkten führen zu marginalen Kosten. Man könnte sagen: Alles, was digital ist, wird früher oder später kostenlos sein.

Die Digitalisierung eröffnet qualitativ neue Spielräume in Bezug auf die Erlösgestaltung: Leistungen werden vermeintlich gratis angeboten; bezahlt wird mit anderer »Währung« – in erster Linie sind das Daten und Aufmerksamkeit, etwa für Werbung. »There is nothing like a free lunch«, lautet eine Spruchweisheit, die gerade auch auf die Gratisökonomie gern und zu

Recht angewendet wird. Gemeint ist: Wirklich verschenkt wird in der kapitalistischen Wirtschaft äußerst selten etwas; das gilt auch für die digitale Wirtschaft. Wenn keine monetäre Gegengabe verlangt wird – dann zahlt man, wenn man genau hinschaut, mit etwas Anderem. Wie gesagt, vielfach mit Daten oder mit Aufmerksamkeit; und auch – hier kommt dann der Social-Media-Netzwerkeffekt ins Spiel –, mittels »Empfehlungen an Freunde« und Ähnlichem.

Auch sogenannte Lock-in-Effekte sind eine Art kalkulierter Beifang eines Gratisangebots. So gewinnen digitale Unternehmen beispielsweise über kostenlose Angebote bei einer Markteinführung oftmals schnell Marktanteile und können so als First-Mover den Markt besetzen – »The winner takes it all«. Der Kunde bindet sich an das kostenlose Produkt und ist im Anschluss dann auch eher bereit, zu einer kostenpflichtigen Version zu wechseln. Der Wechsel wird, nachdem ein entsprechend großer Marktanteil gewonnen wurde, beispielsweise dadurch attraktiv gemacht, dass die »Free«-Version durch Limitationen (Kappen bestimmter Features) zunehmend unattraktiv wird. Zu diesem Zeitpunkt hat sich der Kunde dann schon so an das Produkt gewöhnt, dass er das kostenpflichtige Upgrade einem Produktwechsel vorzieht.

Chris Anderson zeigt fünfzig funktionierende Geschäftsmodelle für die Gratisökonomie auf, die bei genauem Hinsehen keineswegs auf dem Konzept des »Free« basieren, sondern vielfach beispielsweise auf Subventionsmodellen, etwa direkte oder indirekte Quersubvention; das gilt auch für die vielfach angepriesenen Freemium-Dienste (Anderson 2009).

Insofern ist aus Nutzersicht Achtsamkeit geboten im Umgang mit Gratisökonomie und etwa dem Konzept des »Free«: Dahinter steht im Normalfall ein wohlkalkuliertes Geschäftsmodell. Aus Anbietersicht gilt es, die Tragik der Allmende – immer mehr Nutzer ohne eigenem Beitrag – im Blick zu behalten. Denn die wenigsten derer, die beispielsweise Wikipedia oder den Firefox-Browser gratis verwenden, sind bereit, sich mit einer Spende von auch nur fünf Euro an Entwicklung oder Betrieb zu beteiligen. Es gilt daher, kreativ alternative Einnahmequellen aufzudecken. Und wenn dies der Verkauf von Nutzerdaten ist, sollten sich zumindest diejenigen, die nicht zu einer Unterstützung bereit waren, nicht beklagen.

Digitalisierungsverlierer

Unternehmen kommen und gehen; manches Unternehmen bleibt auf der Strecke; das ist erst einmal ein recht normales Geschehen in der Wirtschaft. Wenn dieses Auf-der-Strecke-Bleiben der digitalen Transformation anlastbar scheint, sprechen wir von Digitalisierungsverlierern. Zwischenhändler ohne eigenen Beitrag zur Wertschöpfungskette sind ebenso davon betroffen wie die Elektroläden um die Ecke, örtliche Buchhandlungen oder Reisebüros. Natürlich ist das Verschwinden von so manchem Unternehmen bedauerlich – aber es ist gleichzeitig tatsächlich auch, wie gesagt, ein normaler Vorgang in der Wirtschaft. Und das Gehen von so manchem Möbelhaus, dessen Produkte eher für die Einrichtung drittklassiger Ferienwohnungen oder Ein-Sterne-Hotels geeignet war, bedauern wir vielleicht auch nur mittelbar.

Grundsätzlich lässt sich sagen: Wer ein schlechter Unternehmer ist, es also in der analogen Welt nicht oder nur kaum schafft, sein Geschäftsmodell und seine Prozesse im Griff zu haben, dem wird auch die Digitalisierung keine Heilung bringen.

Mit Blick auf den Einzelhändler um die Ecke: Für diesen wird es wichtig, dass er eine Antwort auf die Frage formulieren kann: Was kann ich über eine Warenlieferung hinaus meinen Kunden noch bieten? Denn wenn seine einzig verbliebene Kompetenz darin liegt, für die Wünsche seiner Kunden Bestellungen im Internet für Produkte zu tätigen, die der Kunde im Anschluss im Laden abholen soll – und dies, im schlechtesten Fall, sogar bei Online-Händlern, bei denen der Kunde auch selbst bestellen könnte –, dann ist der verbliebene »Veredelungsschritt« im Geschäftsmodell dieses Händlers zu gering, als dass es für ihn in der digitalen Wirtschaft noch eine

Digitalisierung: kein neues Werkzeug für Nieten.

wirkliche Existenzberechtigung gäbe. IKEA reagierte beispielsweise auf die Digitalisierung bereits sehr früh, indem man neben dem Billy-Bücherregal – das gefühlt 90 Prozent des Umsatzes ausmachte – auch noch Kerzen und Vasen in das Sortiment integrierte und mit den schmackhaften Köttbullar auch noch einen kulinarischen Anreiz zum Besuch im »Möbelhaus« schuf, um so einem möglicherweise durch die Digitalisierung kleiner werdenden Büchermarkt – was sonst sollte man in Billy-Regale stellen – etwas entgegenzusetzen.

Um Gefahren für das eigene Geschäftsmodell möglichst frühzeitig zu erkennen, können die im Unternehmen teilweise bereits vorhandenen Daten helfen – denn sie sind ein Zugang dazu, mehr über die Kunden und ihre Bedürfnisse zu erfahren. Doch die Systeme, in denen in Unternehmen diese Daten gespeichert werden, sind immer noch weitestgehend Insellösungen. Sie sind darauf ausgerichtet, ihre ureigenste Aufgabe – beispielsweise Erzeugung von Verkaufsbelegen – zu erfüllen, und das tun sie auch gut. Doch es gibt nahezu keine Möglichkeit, die unterschiedlichen, im Geschäftsalltag systematisch entstehenden Datensorten miteinander zu verknüpfen. Aus dieser Verknüpfung von Informationen könnte möglicherweise (relevantes) Wissen für Geschäftsmodelländerungen entstehen. »Wenn Siemens wüsste, was Siemens weiß ...« – mit diesen Worten beklagte bereits 1995 Heinrich von Pierer als damaliger Siemens-Konzernleiter diese Wissenslücke; und nicht nur bei Siemens, sondern bei vielen Unternehmen besteht sie bis heute. Es schlummern in jedem Unternehmen ungeahnte Schätze an Informationen, die – richtig eingesetzt – handlungsleitend für die Prüfung und Weiterentwicklung der eigenen Produkte, Geschäftsmodelle und -prozesse sein könnten.

Devise: Gestalten statt reagieren

»Wenn der Wind der Veränderung weht, bauen die einen Mauern und die anderen Windmühlen.«

Chinesisches Sprichwort

Die gute Nachricht ist: In der digitalen Transformation liegen – für jeden ergreifbare – Chancen auf aktives Mitgestalten. Die Frage ist für viele Unternehmen nur: Wo setze ich an – und wann? Dass die Umwälzungen der digitalen Wirtschaft nahezu jede Branche betreffen werden, ist unumstritten. Ein aussagekräftiges Bild ist vielleicht das eines großen Strudels. Ein Strudel, dem man sich nähert, ob man will oder nicht – und niemand weiß, wer, welche Branche, als Nächstes erfasst wird.

Das Handlungsdilemma

Grundsätzlich lassen sich bei unumgänglichen Veränderungen zwei Handlungsstrategien unterscheiden: Getrieben reagieren oder konstruktiv gestalten – behutsam, mit Augenmaß, im Sinne eines kontinuierlichen Veränderungsprozesses. Das braucht Vorausschau, und die wiederum erwächst aus Informationskompetenz: der Fähigkeit, Daten zu generieren, zu modifizieren und zu interpretieren.

Eigentlich gibt es – ich korrigiere mich – noch eine dritte Handlungsstrategie: reflexartiges Abstreiten der Notwendigkeit, überhaupt etwas tun zu müssen, gefolgt von Stillhalten. Es ist eine – besonders zum jetzigen Zeitpunkt – verständliche Reaktion. Denn es mangelt an belastbaren Informationen – speziell aus dem eigenen Unternehmen, und insofern verfällt man angesichts der Digitalisierung nicht selten in eine Art von Angststarre, etwa wie das Kaninchen angesichts der Schlange. Doch jeder ahnt oder weiß: Angststarre, Stillhalten und Abwarten ist mit Abstand die schlechteste Option.

Dass es eine solche Angststarre gibt, diese Einschätzung legt etwa die BIT-KOM »d!conomy-Studie« nahe: Jedes fünfte Unternehmen in Deutschland bangt angesichts der Digitalisierung um seine Existenz (BITKOM 2005). Und während sich die Auswirkungen in einigen Branchen bereits absehen lassen, sind andere Branchen noch nahezu unberührt. Die Musikindustrie beispielsweise hat sich bereits tief greifend gewandelt. Nach der Entwicklung der mp3-Technologie veränderte Napster die Branche mit einem völlig neuen Ansatz. Traditionelle Marktanbieter versuchten mit aller Macht und Vehemenz, die bestehenden Marktverhältnisse und Besitzstände zu sichern – doch: ohne Erfolg. Denn andere (neue) Marktteilnehmer, wie beispielsweise Apple, lernten aus dem Durchbruch von Napster und etablierten ein (noch viel erfolgreicheres) Geschäftsmodell, das seinerseits wiederum durch technologische Weiterentwicklungen unterstützt wurde. So erfuhr sowohl der Markt als auch die Musikindustrie-Branche nachhaltige Veränderungen. Dieselbe Entwicklung gab es in der Fotobranche. Der ursprüngliche Branchenprimus Kodak spielt heute keine Rolle mehr. Und das, obwohl Kodak seinerzeit das Unternehmen war, das die erste Digitalkamera auf den Markt brachte.

Weitere Branchen sind in der Umwälzung befindlich oder bereiten sich auf Veränderungen vor – versuchen, sie zu gestalten. Die Taxibranche erlebt mit Uber eine erste Modifikation – auch wenn zurzeit noch rechtliche Rahmenbedingungen einen gewissen Status quo, zumindest vorerst, zu sichern scheinen. Die Hotelbranche ist gezwungen, sich neuen Anbietern wie Airbnb gegenüber zu behaupten – was in bestimmten Kundensegmenten zunehmend schwierig wird. Und auch hier gibt es anstelle gestalterischer Ansätze zunächst Versuche, den Wandel mittels Hindernissen oder Schutzmauern aufzuhalten.

Man kann das eigene, bestehende Geschäftsmodell in Bezug auf den digitalen Wandel zweifach anpassen: erstens Suche nach ungenutzten Potenzialen; zweitens Zweckentfremdung bisheriger Leistungen für Neues. Bislang integrierte Funktionen können eigenständige Marktvorteile erzielen; und es können Leistungen, die bislang als Cost-Center galten und nur intern zur Verfügung standen, dank veränderter Rahmenbedingungen möglicherweise neuen (externen) Kunden zur Verfügung gestellt werden – neue Geschäftsfelder eröffnen sich.

Blinder Aktionismus

Das Pendant zur Angststarre ist gewissermaßen der blinde Aktionismus: »Egal was und wozu ... Hauptsache, eine App!« – so lautet beispielsweise eine entsprechende Devise. Doch eine App alleine ist noch kein Garant für irgendetwas – weder für eine positive Kundenerfahrung noch für einen steigenden Bekanntheitsgrad. Die Qualitätsansprüche an Apps steigen dank des großen Angebots und die Hemmschwelle, Apps bei zu geringem Nutzen zu löschen, ist niedrig (Rademacher et al. 2016, 57). Man tut sich mit einem Leuchtturmprojekt à la »Hauptsache, eine App« keinen Gefallen. Ebenso wenig wie »Abwarten« eine Option ist, ist demzufolge blinder Aktionismus. Unkenntnis, Verwirrung und Unsicherheit, das Motto: »lieber irgendetwas tun, statt untätig ruh'n« – all das bremst aus, statt voranzubringen. Zugrunde liegen nicht selten Nebelkerzen der IT-Branche und der Politik.

2.
Digitale Wirtschaft –
die häufigsten Irrtümer

»Nichts legt die Menschen so sehr im Irrtum fest wie die tägliche Wiederholung dieses Irrtums.«

Rainer Maria Rilke (1875 – 1926); Lyriker deutscher Sprache

Viele der Geschichten rund um die Digitalisierung mag man nicht mehr hören – namentlich, wenn man sich intensiver mit dem Thema beschäftigt. Sie sind einfach zu oft erzählt. Die Untergangsgeschichten von Nokia oder Kodak beispielsweise: dass Nokia 2007 davon ausging, die Übernahme von Android durch Google stelle keine Gefahr für den Handymarkt dar und das von Apple vorgestellte Smartphone erst recht nicht, wegen fehlender Tastatur … – Das ist Geschichte. Und als solche nicht überraschend! Gerade wenn es um Technologie geht, wird es immer Fehleinschätzungen und Irrtümer geben; insbesondere sind auch Experten, Branchenführer, »große Tiere« davor nicht gefeit.

Deshalb: Wenn ich jetzt über häufige Irrtümer im Zusammenhang mit digitalem Wirtschaften schreibe, meine ich damit keine Warnung vor Fehleinordnungen technologischer Entwicklungen, keine Geschichten davon, wie mal wieder ein Unternehmen beziehungsweise Management einen Nischentrend verschlief, der sich schließlich als Massentrend herausstellte. Hinterher weiß man es immer besser; retrospektiv lassen sich Einschätzungen und Entscheidungen stets leicht (und von jedem) als »falsch« kritisieren. Um so etwas geht es mir hier nicht. Sondern um Irrtümer im Denken, in der Haltung gegenüber den Herausforderungen der Digitalisierung; hier anzusetzen, heißt, bei der Eigenverantwortung anzusetzen und daraus Handlungsspielräume für sich beziehungsweise das Unternehmen zu entwickeln – und das lohnt meiner Erfahrung nach immer.

Inwiefern die Partizipation an der Digitalisierung eine Frage der Haltung ist, ihren Beginn zunächst im eigenen Denken hat, wird exemplarisch deutlich, wenn man sich einen möglichen Weg zu einer digitalen Geschäftsmodellinnovation ausmalt (Sauer et al. 2016): Am Anfang steht ein tief greifendes Verständnis der Digitalisierung und mit ihr einhergehender Veränderungen, etwa interorganisationaler Werteketten – »know why«. Anschließend gilt es mittels des »know what« über neue eigene Zielstellungen und Ausrichtungen zu entscheiden. Und schließlich beantwortet das »know how« die Frage nach dem geeigneten (technischen) Ansatz und dessen Umsetzung.

Wenn man heute ein traditionelles Unternehmen leitet, ist man darin erfolgreich, weil man auf einen Grundstock probater Konzepte, Einschätzungen, Annahmen zurückgreift. Es sind *Selbstverständlichkeiten im Denken und Handeln*, die sich bewährt haben: mit denen man bislang gleichsam das Schiff vergleichsweise gut auf Kurs hielt und sicher steuerte, ab und an möglicherweise auch durch unruhige Gewässer. Diese Selbstverständlichkeiten und Gewissheiten bestimmen den eigenen unternehmerischen Kurs. Geschäftsmodell, Geschäftsprozesse – hier hat man Grundmuster und Prinzipien, die einem teils dermaßen selbstverständlich geworden, wie man sagt, in Fleisch und Blut übergegangen sind, dass man sie gegebenenfalls nicht einmal mehr als solche bemerkt.

Es ist, um das ganz klar zu sagen, von elementarer Notwendigkeit, über einen Grundstock solcher Selbstverständlichkeiten zu verfügen – basiert er doch auf Wissen und Erfahrung, befähigt er doch zum effektiven Handeln, Leiten, Führen. Gleichwohl: Mit der Digitalisierung kommt eine bislang gänzlich unbekannte, neue Strömung auf; und jeder auf der Brücke, ob Kapitän oder Steuermann, tut sicherlich gut daran, dem Kartenmaterial im Bestand mit einer gewissen Skepsis zu begegnen: bewährte Gewissheiten, probate Denkmuster, Klassifikationen und Grundkategorien auf den Prüfstand zu stellen. Denn die Digitalisierung macht tatsächlich die eine oder andere traditionelle Orientierung nutzlos. Getreu einer solchen verkauft Amazon am Ende nur Bücher, und YouTube ist nur ein weiterer Fernsehkanal. Und dies ist, wie wir alle wissen: ein Irrtum.

»Digitalisierung betrifft uns nicht«

»Digitalisierung ist nicht wie ein Schnupfen – es geht nicht wieder weg.«

Ossi Urchs (1954–2014); deutscher Internetpionier und -experte

Gerade weil die Digitalisierung zurzeit omnipräsent scheint, entsteht für den ein oder anderen Entscheider – Unternehmer, Manager, Selbstständigen – der Eindruck, hier werde lediglich eine neue Marketing-Kuh durchs globale Dorf getrieben. Man selbst könne sich durchaus als unbeteiligt begreifen, zurücklehnen und das Geschehen aus sicherer Distanz betrachten. Doch diese sichere Distanz gibt es nicht. Die Digitalisierung ist kein »Thema«, dass man für sich und sein Unternehmen wählen kann oder nicht. Es gibt in puncto Digitalisierung kaum Unbeteiligte.

Das wird allerdings vor allem in Unternehmen, die sich selbst als Hidden Champions betrachten, anders gesehen. Denn das Tagesgeschäft läuft gut; insofern scheint akut keine Notwendigkeit zu bestehen, sich zu bewegen. Weitet man indes den Blick, stellt man fest: Selbst als funktionierend wahrgenommene Kernbereiche der deutschen Wirtschaft – die Industrie und Automobilwirtschaft – sind nicht etwa unbeteiligt, sondern in Bewegung.

Für die Industrie heißt das beispielsweise: Die Bedeutung physischer Komponenten (mechanische Bauteile) schwindet zugunsten der Bedeutung digital orientierter Komponenten (Sensoren, Mikroprozessoren, Datenspeicher) und Vernetzungskomponenten (Schnittstellen, Netzwerkinterfaces) (Porter 2015). In der Automobilindustrie nimmt die Bedeutung des eigentlichen Fahrzeugs – insbesondere des Verbrennungsmotors – ab; Elektronik- und IT-Themen werden zunehmend zum Treiber in der Entwicklung: Selbstfahrende Autos, Internet-Connectivity und SmartHomes oder Smart-Cities zeugen davon.

Von der Notwendigkeit, das eigene Geschäftsmodell einem Wandel zu unterziehen, sollten vor allem Anbieter nicht-haptischer Produkte ausgehen. Denn die Markteintrittsbarrieren für ihre Produkte sind in der digitalen Welt (noch) geringer. Das einzige Gut, das sie neuen Anbietern voraushaben, ist möglicherweise das Vertrauen aus einer bestehenden Kundenbeziehung; dieses gilt es zu pflegen, zu schützen und möglichst zu erhalten.

Der Kunde, seine Nutzenerwartung, die von ihm nachgefragten Produkte – die Digitalisierung rückt sie mehr denn je ins Zentrum unternehmerischen Handelns. Wissenschaftlich lassen sich hier zwei Perspektiven unterscheiden: erstens aus klassischer, traditioneller deskriptiv-phänomenologischer Perspektive ist ein Hausschlüssel ein Türöffner. Zweitens: Aus funktional-abstrakter Perspektive mit dem Fokus auf Lösungen – für die digitale Wirtschaft ausschlaggebend – ist ein Hausschlüssel ein Informationsspeicher und kann als solcher noch weit mehr Funktionen als das bloße Türenöffnen erfüllen (Hartmann/Halecker 2016). Aus einer solchen lösungsorientierten Perspektive würde die Antwort auf die Frage nach den seitens der Kunden nachgefragten Produkten für die Automobilbranche beispielsweise lauten: Es werden nicht in erster Linie Fahrzeuge, sondern Mobilitätslösungen nachgefragt.

Keine Branche bleibt verschont

Eine bereits im Jahr 2011 durchgeführte Studie (Westermann et al. 2011) zeigt: Die Digitalisierung hat schon in nahezu jedem Industriesektor Einzug gehalten – wobei sie in einigen Branchen rasanter verläuft als in anderen. Unternehmen der Tourismusbranche oder der Musikindustrie haben sich bereits früh der Bedrohung durch digitale Wettbewerber ausgesetzt gesehen und teils bereits einen tief greifenden Transformationsprozess durchlaufen, stehen indes noch immer vor großen Herausforderungen.

Andere Branchen haben solche Umwälzungen durch sich rasch weiter entwickelnde Technologien noch vor sich. Hier erst am Anfang zu stehen, bedeutet auch: Digitale Vorreiter sind noch selten zu finden; hier liegen für schnelle Unternehmen also noch Chancen, sich an die Spitze zu setzen. Die Studie hat auch gezeigt: Digitale Vorreiter übertreffen ihre Wettbewerber letztlich in Umsatzgenerierung, Profitabilität und Marktwert.

Vorangetrieben werden kann die digitale Transformation auf drei Wegen: Umgestaltung der Kundenansprache, Optimierung des Geschäfts oder Neugestaltung eines Geschäftsmodells. Die Umgestaltung der Kundenansprache ist sicherlich das Herzstück; denn digitale Technologien verändern die Kundeninteraktion grundlegend und bieten bislang unvorstellbare Möglichkeiten, dem Kunden näherzukommen, ihn zu verstehen, Kundennähe und -bindung über digitale Kanäle und Plattformen zu steigern – und vor allem: den Kundenbedarf und möglichen Nutzen immer besser kennenzulernen.

Branchen- und Marktumfeld

Für den Blick auf die Digitalisierung bieten sich systemische Sicht- und Herangehensweisen an: die Heranziehung integrativ-ganzheitlicher Perspektiven, die Betonung des Netzwerkgedankens – in Bezug auf das eigene Unternehmen und in Bezug auf den Branchen- und Marktkontext. Der eigene Erfolg hängt nicht nur vom einzelnen Angebot ab, sondern vom Funktionieren eines ganzen Ökosystems. Gerade eine werthaltige Verzahnung, der Bezug auf Referenzunternehmen und -produkte, auf Komplementoren etwa, kann dazu führen, dass auch das eigene Geschäftsmodell (noch besser) funktioniert.

Markt- und Branchenentwicklungen und -veränderungen können plötzlich und unerwartet auftreten. Und so können beispielsweise neue Geschäftsmodelle und Wertschöpfungsketten in der eigenen Branche entstehen, die Wettbewerber aus völlig anderen Branchen gebären. Ebenso können sich branchenfremde oder technologiegetriebene Start-ups beziehungsweise Nischenanbieter neben alteingesessenen Unternehmen etablieren – aus klassischen Wettbewerbern werden Partner und befreundete Unternehmen zu ernsten Wettbewerbern.

Wettbewerb entsteht in der digitalen Wirtschaft nicht mehr nur dort, wo er historisch erwartet wird. Stationäre, lokale Niederlassungen oder Büros werden für viele zum Auslaufmodell, denn Internet und moderne Telekommunikation machen ein breites Spektrum an Geschäftschancen und Vertriebsaktivitäten möglich. Die Digitalisierung senkt Markteintrittsbarrieren und begünstigt gleichzeitig eine schnelle Positionierung als (neuer) Marktführer – insbesondere in jungen Branchen.

Manch ein Protagonist, etwa Andrew McAfee vom Massachusetts Institute of Technology (MIT), schätzt die Lage so ein: Der Verlauf der digitalen Transformation ist vergleichbar mit dem, was passiert, wenn man Reiskörner auf ein Schachbrett legt. Auf das erste Feld wird ein Reiskorn gelegt; mit jedem der folgenden Felder wird dann die Reiskornanzahl verdoppelt. So betrachtet hat die Digitalisierung bislang etwa erst die zweite Hälfte des Schachbrettes erreicht. Was nun kommt, ist nach McAfees Worten »richtig verrückt und unfassbar« (McAfee/Brynjolfsson 2014).

»Digitalisierung ist (m)eine Entscheidung«

»Jeder hält die Grenzen des eigenen Gesichtsfelds für die Grenzen der Welt.«

Arthur Schopenhauer (1788 – 1860); deutscher Philosoph

Entscheider – Unternehmer, Manager, Selbstständige: Sie sind gewohnt, zu entscheiden; deshalb heißen sie so. Sie treffen Entscheidungen – beispielsweise darüber, wo es hingehen soll, und wie: Geschäftsmodell, Prozesse, Produkte, Expansionsstrategien und so weiter. Welchen Trend macht man mit, welchen nicht – und so weiter. Und dann gibt es herkömmlicherweise in Branchen oder Märkten noch die »Platzhirsche«; sie entscheiden besonders Gravierendes: branchenweite, marktbestimmende Entwicklungen.

Mit der digitalen Transformation entsteht nun der Eindruck, es gebe eine gewisse Unausweichlichkeit, mitmachen zu müssen, keine Entscheidungsfreiheit zu haben. Der Eindruck täuscht nicht. Digitalisierung bedeutet auch: Entscheidungen werden anders getroffen. Entscheidungsparameter, Entscheidungsreichweiten, Entscheidungsalternativen, Entscheidungskorridore – all das unterliegt vehementem Wandel. Ihn gilt es, zu verstehen.

Die digitale Transformation wurde und wird außerhalb der eigenen Unternehmensgrenzen vorangetrieben, und die Frage, ob man sich als Unternehmen dem anzuschließen hat, stellt sich so nicht. Die Entscheidung in dieser Sache wird von anderen getroffen: den Kunden.

Digitale Technologien schaffen für Kunden nahezu perfekte Informationstransparenz, sodass es für sie immer einfacher wird. Preise, Services und Leistungen einzuschätzen und miteinander zu vergleichen. Deshalb fordern und fördern Kunden alle Arten von Digitalisierungstendenzen durch ihr Verhalten. Konsumenten sind besser informiert, preissensitiver und anspruchsvoller als jemals zuvor. Dies erleben insbesondere verbraucherlastige Branchen der »fast moving consumer goods«; sie sind als Erste von dieser Entwicklung betroffen. So verändert sich das Einkaufsverhalten: Menschen werden beispielsweise zu Impulskäufern im Internet. Vor dem Aufruf eines Online-Shops liegt eigentlich keinerlei bewusste oder latent vorhandene Kaufabsicht für ein Produkt vor. Allein Gestaltungselemente, Hervorhebungen und Produktempfehlungen oder die verbreitete Praxis von zeitlicher Angebotsbefristung befeuern diese Praxis (Edelman/Singer 2015). Aber: Es geht weiter. Auf dieselbe Weise werden künftig auch Einkaufsentscheidungen nicht nur im Privat- beziehungsweise Endkundenbereich gefällt, sondern auch im Unternehmenskontext.

Neue Wahloptionen im »Unausweichlichen«
Nun könnte der fatale Eindruck entstehen, ich behaupte, es gebe mit Blick auf die Digitalisierung keine Entscheidungen mehr zu treffen. Doch dem ist nicht so!

Digitale Wirtschaft bedeutet, in gewisser Hinsicht, eine Co-Existenz aus eigener und fremder Entscheidung. Beginnen wir beim Alpha und Omega: dem Kundenerlebnis. Die Entscheidungen, die es hier zu treffen gilt, betreffen die ganze weite Spannbreite der möglichen Verzahnungen von analogem und digitalem Kundenerlebnis. Priorität hat, aus dieser Sicht, nicht die Produktinnovation, nicht Produkteffizienz – sondern in erster Linie sind es die Erlebnisse mit dem Produkt, die Art der Leistungserbringung und die Qualität der Kette von analoger und digitaler Interaktion, die Integration dieser beiden Erlebnisdimensionen, die künftig den wettbewerbsdifferenzierenden Faktor ausmachen (Totz/Werg 2014). Dabei gilt es stets, sich dessen bewusst zu sein: Die Kundschaft ist zunehmend in der Lage, die jeweilige Erfahrung mit anderen Erfahrungen, mit anderen Unternehmen, zu vergleichen. Hier hilft, wie immer, der Perspektivenwechsel: sich in die Kundensicht hineinzuversetzen. Wer zum Beispiel schon einmal mit der Japan Railway gefahren ist, wird wohl mit Blick auf die Deutsche Bahn – nicht nur in Bezug auf deren Pünktlichkeit – zum Dauernörgler.

Die Bedeutsamkeit der Integration von Analogem und Digitalem spielt auch eine Schlüsselrolle auf einem weiteren, managementtypischen Entscheidungsfeld: der Strategie. Denn ein wesentliches Kennzeichen der digitalen Transformation ist: Digital- und Nicht-Digitalstrategie sind nicht voneinander trennbar. Die Digitalisierung ist nicht etwa lediglich Angelegenheit der IT-Abteilung, sondern idealiter integraler Bestandteil der Unternehmens- beziehungsweise Geschäftsstrategie; hier sind eben vor allem die »Entscheider« in Unternehmen gefragt. Die strategische Unternehmensausrichtung auf ein die Digitalisierung berücksichtigendes und integrierendes Gesamt-Geschäftsmodell herunterzubrechen, ist ein guter Schritt. Verabschieden wird man sich am besten vom bislang in den meisten Unternehmen verfolgten, heute indes nicht mehr wirklich passenden kalenderbasierten Strategieansatz, zugunsten eines situationsadäquaten Ansatzes (Reeves et al. 2015).

Analog und digital: zwei Seiten derselben Medaille.

Ein weiterer wesentlicher Entscheidungsbereich ist die eigene Leistungserstellung. Die hier überwiegende Unternehmenspraxis folgt der neuen Institutionenökonomie, basierend auf der Transaktionskostentheorie von Ronald Coase aus den 1970er-Jahren. Danach ist es vielfach günstiger, Dinge selbst zu produzieren, als sie am Markt zu kaufen; denn die Kosten für eine Anbahnung und Abwicklung von Geschäften können so hoch sein, dass eine Beschaffung im Vergleich zur Eigenproduktion nicht wirtschaftlich ist (Coase 1937). Mit der Digitalisierung tritt nun auch hier eine Änderung ein. Denn: Die Transaktionskosten fallen (weiter); und die Transaktionskostentheorie besagt: Je niedriger die Transaktionskosten sind, umso eher sollte man nicht selbst produzieren, sondern Produkte am Markt zukaufen. Mit dem Fall der Transaktionskosten schwinden die Vorteile integrierter Wertschöpfungslogiken; stattdessen gewinnen netzwerkorientierte Geschäftsmodelle an Attraktivität. Die digitale Transformation zerlegt die bestehenden Formen des Wirtschaftens gerade in von großer Fertigungstiefe bestimmten Unternehmen – was hinausläuft auf eine Lego-Ökonomie.

Wie sehr in der digitalen Wirtschaft die Co-Existenz aus eigener Entscheidung und fremder Entscheidung gelebt wird, zeigt sich auch am Umgang mit dem Thema Innovation: Aus traditioneller Sicht, etwa mit Joseph A. Schumpeter, gilt die Exklusivität einer Innovation als wesentliche Rente eines Innovators – eine Auffassung, die viele Unternehmen bis heute prägt; demgegenüber setzen Unternehmen in der digitalen Wirtschaft auf eine kompromisslose Öffnung ihrer Organisation, um Innovationsgeschwindigkeit und Produktqualität zu steigern. So werden nicht nur Lieferanten, sondern auch Kunden in Crowdsourcing-Modelle eingeladen und eingebunden. Sie können neue Produkte testen, bewerten, erhalten Einblick in die internen Wertschöpfungsprozesse und werden an Problemlösungsprozessen – für neue und für bestehende Produkte – beteiligt.

Somit: Es stimmt, dass Unternehmen in der Frage der Entscheidung für oder gegen die Partizipation an der Digitalisierung nicht wirklich freie Wahl haben – aber gerade durch aktive Teilhabe eröffnen sich ihnen faszinierende neue Möglichkeiten und Chancen.

»Digitale Wirtschaft funktioniert ganz anders«

»Alles Fertige wird angestaunt, alles Werdende unterschätzt«

Friedrich Nietzsche (1844–1900); deutscher klassischer Philologe

Nur weil etwas häufig wiederholt wird, ist es damit noch lange nicht wahr. Ein gutes Beispiel dafür ist die Lieblingsbehauptung der Digitalisierungsberater und Innovationsgipfeltreffen, digitale Wirtschaft sei eine völlig neue Art von Ökonomie; vielfach liegt gar der Verdacht nahe, der digitale Wandel der Wirtschaft gehe mit einem grundsätzlichen Bruch betriebswirtschaftlichen Regelwerks einher. Doch das ist Nonsens. Eine New Economy gibt es ebenso wenig wie eine Next Economy oder neue Wirtschaftsgesetze der digitalen Wirtschaft. Im Kern geht es, worum es immer ging – gemäß dem uralten betriebswirtschaftlichen Prinzip: Unternehmen müssen herausfinden, was Kunden möchten und wie sie diese für ihr Produkt interessieren können. Gelingt ihnen dieses nicht, sind sie früher oder später nicht mehr am Markt.

Diese Konzentration auf das Kundenbedürfnis hat gerade auch die Vorreiter der digitalen Transformation groß gemacht. Damit üben sie Druck auf die etablierten Unternehmen aus, die diese Konsequenz bereits lange nicht mehr an den Tag legen. Ein Anruf bei den meisten Kundenhotlines traditioneller Unternehmen genügt, um diese Erfahrung zu belegen.

Was ist neu?

Die Grundrechenarten betriebswirtschaftlichen Handelns bleiben also auch in der digitalen Wirtschaft gültig. Betriebswirtschaftliches Wissen ist nicht etwa »Schnee von gestern« – sondern auch heute elementar. Es braucht nach wie vor tragfähige Geschäftsmodelle, um – gerade auch in einer veränderten Marktstruktur – als Unternehmen erfolgreich zu werden oder zu bleiben.

Aber Verschiebungen im betriebswirtschaftlichen Know-how gibt es selbstverständlich – beispielsweise in Bezug auf die Kostenstruktur, zumindest, wenn es um digitale Produkte geht. Hier kommt es zu einer Fixkosten-Dominanz. Die variablen Kosten digitaler Produkte sind, bezogen auf die Ausbringungsmenge, vergleichsweise gering; dies hat zur Folge, dass beispielsweise der Preis digitaler Produkte (oberhalb eines theoretischen Fixkostenanteils) beliebig veränderbar ist – in Höhe und Varianz.

Eine andere Verlagerung ist die schon thematisierte Gratisökonomie; doch auch hierbei handelt es sich tatsächlich um eine Verlagerung oder Verschiebung, und nicht etwa um etwas betriebswirtschaftlich gänzlich Neues und Andersartiges – auch wenn es nicht selten diesen Anschein hat. Tatsächlich beruht das meiste an sogenannten Free-Produkten auf wohlkalkulierten und im Grundsatz vertrauten Geschäftsmodellen. »There is nothing like a free lunch ...« Es wird quersubventioniert; und/oder der Kunde bezahlt vielleicht nicht direkt mit Geld, sondern eben indirekt: Die Währung besteht beispielsweise aus Kundenbindung – beim Lock-in-Effekt –, oder aus Weiterempfehlungen über die sozialen Netzwerke, oder aus Aufmerksamkeit für eingeblendete Werbeinhalte, oder aus Informationen, etwa mittels der unternehmensseitigen Erfassung und Auswertung von Nutzeraktivitäten auf Webseiten und deren Verkauf. Tatsächlich liegt eine wesentliche Neuerung beim digitalen Wirtschaften darin, dass – neben Maschinen, Gebäuden und Rohstoffen – die Daten eines Unternehmens ein Teil des Betriebsvermögens werden (müssen). In den Worten Gerd Leonhards: »Daten sind das Erdöl des 21. Jahrhunderts«.

»Customer first«

Manch einer kann sich vielleicht noch daran erinnern: an die Zeit, in der Kunden in Geschäften mit schlecht gelaunten Verkäufern und unzureichendem Sortiment Dinge kauften, die ihren Vorstellungen nur in etwa entsprachen. Dieses geschah dann wiederholt. Denn: Es gab keine Alternative. Es war die Zeit der Anbietermärkte, in denen sich Produzenten sicher sein konnten, mit Massenprodukten viel Geld zu verdienen, solange das Kundenbedürfnis auch nur annähernd befriedigt wurde. Doch diese Zeiten sind spätestens dank Digitalisierung vorbei – früher oder später. Der Kunde entscheidet – und er hat die Wahl.

Und so zählt auch – oder gerade – in der digitalen Wirtschaft zunächst, was immer schon zählte: das Befriedigen von Kundenbedürfnissen und der wettbewerbsrelevante Kundennutzen. Es geht auch in der neuen Welt um ein uraltes ökonomisches Prinzip. Die digitalisierte Wirtschaft erinnert die »old economy« lediglich an genau das: die Konzentration auf die Kundenbedürfnisse.

Dabei kann eine solch kompromisslose Kundenorientierung auch bedeuten, manches Produkt oder manche Dienstleistung nicht (mehr) anzubieten. So hat beispielsweise der ehemalige Apple-Chef Steve Jobs ein Jahr nach seinem Wieder-Amtsantritt 1997 das Apple-Produktsortiment von dreihundertfünfzig auf zehn Produkte verschlankt. Statt umfassender Modellreihen setzte er – insbesondere bei innovativen Produkten – auch in der Folge zunächst immer auf eine einzige Produktversion; erst später, wenn das Unternehmen Prozesse und Technologie beherrschte und der Kundenbedarf am Beispiel evaluiert war, wurde das Produktsortiment diversifiziert. Und: Apple nimmt grundsätzlich Vorgänger-Serien sofort nach Erscheinen neuer Produkte konsequent vom Markt.

Die traditionelle Herangehensweise ist eine andere: Unternehmen versuchen oftmals, möglichst alle am Markt befindlichen Bedürfnisse mit ihren Produkten abzudecken, führen einmal eingeführte Produkte – insbesondere für Altkunden – lange weiter. Doch die Fokussierung à la Apple hat Vorteile: Reduzierung von Suchkosten, Minimierung von Herstellungskosten, keine Kannibalisierung zwischen den Produktversionen. Die klassische Ausrichtung auf die Fortführung und Pflege heterogener technischer Architekturen erhöht demgegenüber die Kosten und verschlechtert vermutlich die Qualität – für alle Produkte.

Die mit der Digitalisierung einhergehende Kundenorientierung geht so weit, dass sich auch die Beziehung und (Ver-)Bindung mit der Kundschaft neu ordnet. Geschäftsmodelle wie Airbnb, DriveNow und Facebook – sie haben gemeinsam, dass sowohl Leistungsvorbereitung und -erbringung als auch deren Inanspruchnahme auf dezentralisierten Ressourcen und Informationen und Kundeneinbindung beruht. Ähnliches gilt auch für die schon im Kommen befindliche 3D-Drucktechnologie. Dabei sind die Kunden nicht nur »irgendwie eingebunden«, sondern Treiber der Leistung; vielfach sichern sie gar durch ihre eigenen Tätigkeiten Grundlegendes. Es sind Entwicklungen, die zwar noch nicht in allen Branchen Verbreitung gefunden haben, indes deutlich machen, wohin die Reise gehen mag: eine Hinwendung zur kollaborativen Wertschöpfung, Co-Kreation – gemeinsam mit dem Kunden. Verbunden ist damit auch eine Neuorientierung hinsichtlich der informationellen Transparenz in Gestalt der Öffnung und Entgrenzung vormals geschlossener unternehmerischer Systeme. Herrschaftswissen – wie zum Beispiel Patente – verliert seinen Wert; demgegenüber wird die Fähigkeit, schnell und offen zu skalieren, zu einem echten Wettbewerbsvorteil.

Mit Blick auf »customer first« lässt sich – angesichts der zunehmenden »Intelligenz der Geräte« im Zuge des digitalen Wandels – für die zukünftige Leistungserbringung prognostizieren: Das Phänomen der Masse in Bezug auf Kunden, Konsumenten, wird allmählich schwinden. Nicht mehr die lenkbare Horde, sondern der sich sein Produkt individuell zusammenstellende Prosumer ist der Adressat; so laufen beispielsweise selbst bislang emotional starke Marken Gefahr, an Wert zu verlieren (Jánszky 2016).

»Hauptsache Technik«

»Die Zukunft macht leicht Narren aus den Unbelehrbaren, die sich zu lange an alte Gewissheiten klammern.«

Gary Hamel (* 1954); US-amerikanischer Ökonom und Unternehmensberater

Bei der Digitalisierung geht es um Technologiethemen. Zum Beispiel darum, neue, nämlich digital gesteuerte Produktionsanlagen anzuschaffen oder mit digital unterstützten Abläufen beispielsweise den Aufwand für die Unternehmenssteuerung drastisch zu reduzieren ... – das ist ein klassisches Missverständnis; eng verwandt mit dem Irrglauben, Digitalisierung könne als Technologie quasi out-of-the-box gekauft werden.

Jeff Immelt (CEO von GE) dazu: »I thought it was all about technology ... I was wrong ... We've had to drill and change a lot about the company ... It's infected everything we're doing«. Gefragt ist bei der Digitalisierung zudem das menschliche (Augen-)Maß. Neuheit allein oder die Sorge, den Anschluss zu verpassen, taugen als Maßstab nicht.

»Damals, in den 1980ern ...«

Die Grundannahme, die Digitalisierung sei mit einem entsprechenden Investitionsvolumen in Informationstechnologie zu meistern, berührt Erinnerungen aus der Anfangszeit der Computerisierung der Arbeitswelt – etwa in den frühen 1980ern. Damals lautete die entscheidende Frage, wenn es um die eigene Teilhabe am informationstechnologischen Fortschritt ging, gleichgültig, ob Unternehmen oder Privatperson: Einen Rechner kaufen – ja oder nein? Mit einem Rechnerkauf machte man – seinerzeit in gewissem Sinne tatsächlich – einen entscheidenden Schritt Richtung Zukunft. Und obendrein wurde man auch noch mit einem persönlichen Prestigegewinn als fortschrittsgläubiger »early-adopter« belohnt.

Doch: Heute ist die Lage komplexer.

Viel hilft leider nicht viel

Technologiefixierung, Technikgläubigkeit ... – das resultiert für Unternehmen in erster Linie in Investition – gleichgültig, ob in eine Anwendung zum digitalen Dokumentenmanagement oder in eine Facebook-Kampagne. Wie wenig Erfolg versprechend so etwas sein kann, zeigt beispielsweise die Internet- oder Social-Media-Präsenz nicht weniger kleiner oder mittelständischer Unternehmen, etwa manch eines lokalen Handwerkers: oftmals eine schlecht gepflegte, mit dem Unternehmensgegenstand nicht wirklich in Verbindung stehende digitale Projektionsfläche. Besser: Sich zuallererst der lokalen Kundschaft widmen – den bisherigen und künftigen Kunden –, mittels Empfehlungen und Referenzen. Lebt ein Unternehmen von etablierter Stamm- und/oder Laufkundschaft, ist die Sinnhaftigkeit einer eigenen Internetpräsenz grundsätzlich zu hinterfragen. Zumindest als erster Schritt ist das nicht unbedingt für jeden das Beste; manchmal kann eine (gut gemachte) Visitenkarte im Internet mehr helfen als eine schlechte und schnell veraltende Homepage oder Social-Media-Präsenz.

Eine Investition in BigData, Social Media oder mobile Anwendungen zahlt sich nicht per se aus, sondern sie will in engem Zusammenhang zur Geschäftstätigkeit des Unternehmens gesehen, dort eingebunden und nutzbar gemacht werden. Deshalb gilt: Ihren Anfang hat eine erfolgreiche digitale Transformation in der wirklichen Welt, im Analogen. Sie hat deutlich mehr mit dem organisationalen Aufbau, den Prozessen und insbesondere der Führung und Strategie eines Unternehmens zu tun als mit Technologie oder IT-Infrastruktur. Statt also Technik als Allheilmittel zu begreifen und Unternehmen Übertechnisierung aufzuoktroyieren, sollte die Gelegenheit genutzt werden, über das Wesentliche zu sprechen: über das »Wer«, also über Menschen, die diese Technik schließlich anwenden sollen, und über das »Warum«, also Werte beziehungsweise Ziele. Erst daraus entwickelt sich dann die geeignete IT-Anwendung, und gerade darin liegt oft die Wettbewerbsdifferenzierung.

Systemische Sicht- und Herangehensweisen

Es ist häufig der Einsatz spezifischer Technik, von dem Unternehmen sich Wettbewerbsdifferenzierung erhoffen – doch wirkt sich diese gleichermaßen häufig eben nicht im gewünschten Maß aus. Denn, um das noch einmal zu unterstreichen: Die Technik allein bewirkt gar nichts – der Gesamtzusammenhang ist entscheidend! Dass man beispielsweise die Funktionsweise eines technischen Gerätes begreift, heißt noch lange nicht, dass man auch abschätzen kann, wofür es verwendet werden kann. Für die Zeit der Industrialisierung gibt es das Beispiel mit der Dampfmaschine (Bunz 2012, 67 f): Das technische Verständnis dieser Erfindung half keineswegs dabei, vorherzusehen, welche neue Kulturtechnik sich mit ihr etablieren würde.

Es ist stets der gesamte Kontext, der entscheidet; das ist der Grund dafür, dass systemische Sicht- und Herangehensweisen für die erfolgreiche Partizipation an der Digitalisierung so hilfreich sind – denn sie leisten genau das, was es braucht: eine Perspektive, welche die unternehmerischen Bereiche Input, Output, Personal, Organisation und Technologie nicht isoliert, sondern integriert und interdisziplinär betrachtet.

Nicht der technologiefixierte Tunnelblick, sondern die umfassende Perspektive auf das Unternehmen ist gefragt. Das heißt konkret: Es gilt für einzelne Fachbereiche, stärker als bislang ganzheitlich zu denken und angrenzende Fachbereiche, aber besonders die IT, in ihre Planungen einzubeziehen. Für die IT bedeutet es im Umkehrschluss: agilere Anpassung an die Anforderungen aus dem Business, schnellere Umsetzung. Geschmeidige Kooperation von IT und Non-IT – es gilt klare Regeln für diese Zusammenarbeit zu formulieren.

Dass es nicht allein die Technik, sondern ganz entscheidend deren Anwendung ist, mittels derer Wettbewerbsvorteile generiert werden, zeigt beispielsweise die Unterminierung der Vergleichbarkeit von Preis-Leistungsmodellen. So können mit entsprechender algorithmischer Unterstützung dynamisch änderbare Preismodelle – basierend auf Zeit, Wettbewerbssituation und Nutzerverhalten – kreiert werden. In etlichen Branchen gibt es dieses Vorgehen schon, beispielsweise bei der Buchung von Hotelzimmern. Die Preise sind flüchtig und individuell; aus Nutzersicht unterliegt der Preisfindung kaum mehr eine nachvollziehbare Logik. Leistungsangebote werden – obwohl grundsätzlich vielleicht kaum differenzierbar – durch eine Anpassung an die Kundenbedürfnisse derart modifiziert, dass eine Leistung aus Kundensicht exakt zum eigenen Nutzungsprofil passt; höhere Such- und Set-up-Kosten minimieren opportunistisches Verhalten auf Kundenseite.

»Digital Natives«, »Industrie 4.0«, »FinTech«

»Eine Idee, die als Wahrheit abgewirtschaftet hat, kann als Schlagwort immer noch eine schöne Karriere machen.«

Hans Krailsheimer (1888–1958); deutscher Schriftsteller

Big Data, Cloud-Computing, Internet 4.0, Design Thinking, Internet of Things … – das sind nur einige wenige von vielen Schlagworten, mit denen die digitale Transformation beglückt. Zwar weiß niemand genau, was eigentlich gemeint ist; aber es klingt gut. Und wenn man solange eine Versionsnummer anhängt, entsteht die gewünschte konsensuale Unklarheit. Versuchen Sie es einfach mal mit »Big Data 3.0« – so etwas gibt es zwar der Sache nach nicht; gleichwohl: Ihre Zuhörer werden an Ihren Lippen hängen. Nahezu beliebigen Begriffen eine Softwarehauptversionsnummer beizugesellen, scheint eine Art Königsweg zur Aufmerksamkeitsgenerierung zu sein. Zunächst erfolgte es noch mit deutlichem Augenmaß. Internet 1.0 – existierte scheinbar nie. Web 2.0 – war lange vorherrschend. Web 3.0 – wurde übersprungen. Nun endlich gibt es die erwachsene Version – wahlweise als Web 4.0, Internet 4.0, Industrie 4.0 oder gesellschaftlich weiter gefasst als Arbeit 4.0 oder Leben 4.0. Vergessen wurde nur: Unsinn 4.1.

Buzz-Words – Schlagworte – sind beliebt wegen ihrer Beliebigkeit. Die Verständigung mittels Schlagworten hat den Vorteil, dass man weniger zu den Inhalten vordringt. Nahezu jeder Politiker kann beispielsweise entspannt über Gerechtigkeit oder Sicherheit plaudern, während diese Begriffe tatsächlich bei der Linken und der CSU doch sehr unterschiedlich gefüllt werden. Insofern lässt sich mit einem Begriff aus der politischen Rhetorik festhalten: Buzz-Words eignen sich besonders für Schaufensterreden: jene Vorträge, bei denen es nicht um Inhalte, sondern um Show geht.

Geht es indes um Inhalte, sind Buzz-Words aufgrund ihrer Missverständlichkeit, vorsichtig gesagt, kontraproduktiv. Wenn beispielsweise Überlegungen zu Industrie 4.0 oftmals nur auf die Erwägung einer weiteren Fertigungsautomatisierung hinauslaufen, dann ist das nicht sachgerecht und problematisch: Auf diese Weise verspielen Unternehmen Chancen gegenüber dem internationalen Wettbewerb, denn der Tunnelblick auf die Technik nimmt die Sicht auf das Gesamtunternehmen. Daher eignen sich Buzz-Words oftmals nicht für eine wirklich hilfreiche Debatte – sie verschleiern lediglich die Realität.

Zum Beispiel: »Digital Natives«

Nehmen wir zum Beispiel das Buzz-Word »Digital Natives«. Es bezeichnet eine bestimmte Generation, und gleichzeitig vollzieht es so – gerade mit Blick auf die digitale Wirtschaft – Kompetenzzuschreibungen.

Nun ist eine gewisse intergenerationelle Abgrenzung gewissermaßen »biologischer Auftrag«. Dass eine jüngere einer älteren Generation Rückständigkeit, Überholtheit, veraltetes Denken vorhält, ist nichts Neues. Klassischerweise begegnet die Elterngeneration dem mit Generosität: Man weiß um diese Abgrenzungsmechanismen, war schließlich selbst mal jung, und weiß vor allem auch, was man selbst damals eben noch nicht wusste. Doch mit der Digitalisierung und den Digital Natives verhält es sich ein wenig anders: Statt Generosität gibt es, überspitzt gesagt, Minderwertigkeitskomplexe und daraus resultierend so etwas wie Gefügigkeit und fast so etwas wie Anbiederung. Älter zu sein, scheint plötzlich tatsächlich zu heißen: rückständig und unwissend zu sein – nicht nur aus Sicht der Nachgeborenen, sondern aus der eigenen Perspektive. Die Älteren fühlen sich herausgefordert, zu demonstrieren, dass sie eben auch Digital Natives sind – irgendwie. Wenn Großmütter plötzlich Fotos vom Mittagessen per WhatsApp an die Enkel senden oder altehrwürdige Manager jeden Unfug auf Twitter verbreiten – dann hat das manchmal den Charakter des Nicht-Authentischen, des Sich-Fügens, der – sachlich unbegründeten – Subordination.

Tatsächlich ist es so, dass es in der digitalen Wirtschaft gerade nicht die Digital Natives sind, die auf der Kommandobrücke stehen und das Schiff steuern. Interessanterweise werden die zurzeit erfolgreichsten Internetunternehmen überwiegend von Menschen der 1950er- und 1960er-Geburtsjahrgänge geführt: Sie sind durchgängig ohne Digitalisierung aufgewachsen, also dem Alter nach keine Digital Natives, allenfalls Digital Immigrants. Es gibt offenbar keinen direkten Zusammenhang zwischen dem Geburtsjahrgang und dem optimalen Umgang mit digitaler Komplexität und Unternehmenserfolg.

Wenn das Etikett »Digital Native« nicht für Kompetenz im Umgang mit digitaler Komplexität und unternehmerischen Herausforderungen steht – wofür steht es dann?

Es steht für eine Medienkompetenz, die in erster Linie Klick- und Bedienkompetenz ist, auf dem frühzeitigen Umgang mit digitalen Produkten gründend (ICILS 2013). Verbunden ist diese selbstverständliche Leichtigkeit im Klicken und Bedienen mit einer in den sozialen Medien antrainierten Fähigkeit des Ich-Marketings (JIM 2014). Das alles sind Eigenschaften, die gerade heute ausgesprochen nützlich sein können. Doch ein Irrtum ist es, die nützlichen Klick-, Bedien- und Selbstmarketingfertigkeiten beispielsweise mit Geschäfts-, Komplexitäts-, Sach- und Sozialkompetenz zu verwechseln.

Die Alten denken antiquiert, sind rückständig und überholt – das weiß doch jeder. Wirklich?

Die Sache hat indes – mindestens – zwei Seiten. In kritischen Beiträgen über Digital Natives hat es den Anschein, als handle es sich um eine Generation aus Pippi Langstrumpfs und Michels aus Lönneberga – nur dass Pippi und Michel sich nun nicht mehr mit Pferd, Affe und Ziegen, sondern mit ihrem Smartphone vergnügen. Auch das ist ein Irrtum. Wer so denkt, lässt sich von Äußerlichkeiten blenden. Auch die Behauptung, diese Generation flüchte sich, wenn es mal eng wird, lieber in ein Bällebad, statt eine inhaltliche Auseinandersetzung zu führen, hat zwar Witz – aber inhaltlich weiter bringt sie nicht.

Führungskräfte mögen Pauschalisierungen, sofern und weil sie ihnen beispielsweise helfen, summarische Einordnungen und schnelle Entscheidungen zu treffen. Deshalb sitzen sie auch Generationen-Klischees, wie sie etwa das Schlagwort »Digital Natives« transportiert, vergleichsweise bereitwillig auf. Dabei stellt sich gerade der Generationenbegriff als zunehmend untauglich heraus, um sich ein Bild von einem Menschen zu machen. Menschen gleichen Geburtszeitraums sind so wenig eine homogene Gruppe, dass dieses Kriterium tatsächlich Unsinn ist. »Diversity within each generation can be as different as across generations« (Stuart 2015). Gerade hinsichtlich der Kompetenz im Umgang mit den Herausforderungen der Digitalisierung genügt schon ein Blick beispielsweise in den geburtenstärksten Jahrgang Deutschlands überhaupt, 1964, um festzustellen: Es gibt allein in diesem einen Geburtsjahrgang unglaublich viele unterschiedliche Arten und Weisen, mit Medien und Technik umzugehen. Machen Sie jetzt, beim Lesen, vielleicht kurz den Test, und lassen Sie einmal die Ihnen bekannten Menschen Revue passieren, die heute vielleicht Anfang bis Mitte Fünfzig sind. Wie weit kämen Sie da mit Kollektivzuschreibungen, was die fraglichen Kompetenzen betrifft?

Eine Unterscheidung in Digital Natives und Digital Immigrants könnte weiterhelfen, sofern – und nur wenn – sie von der ihr inhärenten Bindung ans Lebensalter befreit wäre. Auch viele bereits Lebensältere agieren mit Neuen Medien, als seien sie damit aufgewachsen. Für eine faktisch brauchbare

Klassifizierung jedenfalls wäre die Art und Weise des Umgangs mit Medien und Technik ein tauglicheres Kriterium als das Lebensalter (Schulmeister 2008).

Hinter den Etiketten: »FinTechs« & Co.

Grundsätzlich ist es mit den Buzz-Words im Kontext der Digitalisierung ein wenig wie im Märchen »Des Kaisers neue Kleider«: Nicht wenige hochbedeutsam klingende Begrifflichkeiten, die manch gestandenen Mittelständler verschrecken mögen, entpuppen sich bei kritischer Würdigung als Luftblasen – etwa als Marketingzuschreibungen durch Berater, Verbände, Produktanbieter.

Dennoch ist es wichtig, sie nicht einfach abzutun, sondern genau hinzuschauen, was sich jeweils dahinter verbirgt – und zwar für den eigenen Nutzen! Das Beispiel der »FinTechs« macht es deutlich: Das Wort setzt sich zusammen aus »financial services« und »technology«. Es sind Finanzdienstleistungen von Start-ups, die eine Neu- beziehungsweise Weiterentwicklung darstellen. Aus Kundensicht sind sie flexibler, einfacher, bequemer und individueller anpassbar als die etablierten Lösungen von Banken. Zurzeit sind es Nischenangebote, deren Lösungen sich in allererster Linie konsequent an den Wirkungsmechanismen des Internets und hier auf die Kundenschnittstelle, die Kundenbedürfnisse, die Kundenerfahrung ausrichten. Banken, die diese Entwicklung abtun – also sich nicht damit befassen, nicht darauf reagieren – sind möglicherweise bald von der digitalen Transformation ausgebootet: »The arrival of new entrants is favored by the regulatory changes that simplify the entrance to the banking industry. Combined with the digital revolution, this trend has created a fertile ground for innovation and creation of purely digital tech-savvy players, so called Fin Techs. According to study by Oracle, by 2020 Fin Techs will be a major threat for the banks worldwide« (Chugunov et al. 2016, 127).

Zusammengefasst: Es geht bei der Beschäftigung mit den Marketing-Begriffen der Digitalisierung um unsere »mentalen Muster«. Wir stehen immer wieder in der Gefahr, Dinge für wahr zu halten, nur weil sie oft genug wiederholt wurden – gleichgültig, von wem. Wir neigen dazu, Etiketten überzubewerten – gerade, wenn wir mit gänzlich neuen und teils auch veritablen Herausforderungen konfrontiert sind. Wenn wir bei einem Gamer automatisch von einem männlichen Teammanager ausgehen, liegen wir damit falsch; wenn wir bei Generation Y von einem informatisch gebildeten Menschen ausgehen, ebenfalls; und wenn wir glauben, »Big Data« sei »the next big thing«, erneut.

3.
Zwölf Maximen
zur Transformation

● ● ● ● ● ● ● ● ● ● ● ● ● ● ● ● ●

»Die Maxime, jederzeit selbst zu denken, ist die Aufklärung.«

Immanuel Kant (1724–1804); deutscher Philosoph der Aufklärung

Die Digitalisierung ist für jeden Handelnden wie für jedes Unternehmen ein mehr oder weniger turbulentes Gewässer. Woran kann man sich orientieren? Woran halten? Und das nicht nur ad hoc, sondern auch (über-) morgen. Was taugt als handlungsleitendes Prinzip? Gibt es so etwas überhaupt? Kann überhaupt Orientierung gegeben werden – oder bestimmt einzig der Zufall, wer in den nächsten Jahren als Profiteur oder als Verlierer aus den Entwicklungen hervorgeht. Haben wir überhaupt einen Gestaltungsspielraum?

Was auf alle Fälle zunächst einmal da ist, in gewisser Weise der Halt schlechthin, ist das eigene Denken. Aus der eigenen Reflexion lassen sich *Haltungen* entwickeln, und *Handlungen* ableiten. Beides interessiert mich; beides brauchen wir in Zeiten des Umbruchs. Also bereits heute, denn wir stecken bereits mitten in der digitalen Transformation.

Strukturen des eigenen Denkens nennt man auch Denkmuster: Selbstverständlichkeiten im Denken. Denkmuster sind keine Regeln. Denkmuster sind vielmehr das, was Regeln zuallererst zugrunde liegt: das tatsächlich unsere Kultur Prägende, gestern, heute, und in der von heute aus ebenso verheißungsvoll wie unsicher scheinenden Zukunft. Denkmuster – Haltungen – Handlungen: Wenn ich dem nachgehe, wenn ich beispielsweise in meiner täglichen Arbeit immer wieder prüfe, wie welche Denkmuster zu welchen Haltungen und Handlungen »gerinnen«, dann lande ich probatorisch beim Begriff »Maxime«. Und das ist es, was ich im Wesentlichen anzubieten habe: Maximen.

Wie reizvoll wäre es – wie (zu) viele es bereits tun –, an dieser Stelle einfach Geschichten erfolgreicher digitaler Entrepreneure nachzuerzählen: leicht verdauliches Storytelling per excellence, und daraus vielleicht flugs ein »Schema-F« abzuleiten. Ein Instant-Erfolgsrezept – das dann für den Praxiseinsatz bei einem Anlagenbauer auf der Schwäbischen Alb wieder nicht funktioniert. Doch: Es soll anders sein. Grundgedanken und ihre Konkretisierbarkeit, ihr mögliches Gerinnen in Haltungen und Handlungen – darum geht es mir bei den folgenden Maximen.

Maxime 1: Sei fleißig, sei gebildet

»Fleiß ... beharrliches Streben nach einem Ziel, Eifer und Sorgfalt«

Wahrig, Deutsches Wörterbuch

Unsere Werte, Wertorientierungen, Grundwerte – gerade in Umbruchzeiten wie heute ist das ein Thema. Allerdings geraten Gespräche darüber schnell in ein Fahrwasser à la »Früher war alles besser« – oder vice versa. Darum geht es hier nicht. Sondern um die nicht uninteressante Frage: Was ist heute tatsächlich effektiv gut für uns? Was lohnt sich, ernst zu nehmen, zu pflegen, zu kultivieren? Was beispielsweise von vielleicht auf den ersten Blick »gestrig« Erscheinendem kann sich künftig als für uns überaus nützlich erweisen? Welches Erbe lohnt sich, zu bewahren – über Zeiten des Umbruchs und Wandels hinaus? Wovon werden wir gerade auch im Kontext der Digitalisierung profitieren können?

Fleiß?

»Von nichts kommt nichts ...« – Fleiß gilt als typisch deutsche Tugend. Im Ausland begegnet man dem Bild des fleißigen Deutschen, konnotiert etwa mit deutscher Wertarbeit, dem deutschen Wirtschaftswunder, dem Aufstieg Deutschlands zu einer führenden Industrienation, mit Anerkennung; und auch im traditionellen Selbstbild der Deutschen ist die Trias »Fleiß, Ordnung, Pünktlichkeit« – optional: »Fleiß, Ordnung, Sauberkeit« – ein elementarer Baustein.

Soweit die Tradition. Und heute? Haftet der Tugend namens Fleiß Verstaubtes an. Gestriges. Assoziiert womöglich mit altbackener Pädagogik, vielleicht gar mit Spießertum oder Untertanengeist; gemeinsam mit anderen althergebrachten Tugenden – etwa Disziplin – aus dem Rennen geschieden zugunsten zeitgemäßer scheinender Stärken wie Flexibilität, Spontanität, Toleranz?

Der Fleiß hat es schwer. An den Schulen, den früheren Kaderschmieden der Tugendhaftigkeit, spielt er schon längst nicht mehr die gewohnte Hauptrolle. Auch gesellschaftlich wird ihm keine große Bühne mehr bereitet; wenn hier Grundwerten Respekt gezollt wird, dann sind das eher Couragiertheit, Solidarität oder Selbstbestimmung.

Und nicht nur im Schulischen und Gesellschaftlichen, auch im Wirtschaftsleben scheint der Fleiß eine vom Aussterben bedrohte Gattung. Gerade mit Blick auf die digitale Wirtschaft legt der erste Eindruck die Vermutung nahe: Fleiß sei nicht nur unpopulär, sondern nahezu obsolet. Denn die Markterfolge digitaler Unternehmen scheinen quasi »über Nacht« einzutreten. Eine tolle Idee, Kaffee, Kicker, junge Menschen der Generation Y in einem Großraumbüro, und schon entsteht ein funktionierendes Digital-Start-up. So sieht es manchmal aus, zumindest von außen, auf den ersten Blick. Doch dem ist nicht so! Fleiß, Tatkraft oder auch Exzellenz können verschiedene äußere Formen annehmen, das stimmt. Aber eine Rolle spielen sie bei dauerhaftem unternehmerischem Erfolg immer.

»... beharrliches Streben nach einem Ziel ...«

Der Grund, für den Fleiß eine Lanze zu brechen, gerade auch in unserer Zeit des Umbruchs und Wandels zum Digitalen, liegt darin: Fleiß ist eine Art von Mischtugend, ein Bündel von Formen des In-der-Welt-Seins. Fleiß ist nicht einfach bloß »Rackern«, »Schwerstarbeiten«, »Anstrengung«. Fleiß ist die Verbindung von Tatkraft und Zielausrichtung. Wo eine solche fleißgetriebene Zielausrichtung fehlt, entsteht im Umkehrschluss Ziellosigkeit; etwas, das heutzutage leider bei so manchem Schulabgänger wahrnehmbar ist. Mit der dem Fleiß innewohnenden Zielausrichtung ist eben nicht einfach bloß ein »Wir liegen in der Hängematte und träumen vom Big Deal« gemeint, sondern ausdauerndes Tun. Mit, so sagt es das Wörterbuch, »Eifer und Sorgfalt«.

Anders herum gesagt – und das bestätigt die Entrepreneurship-Forschung: Erfolgreiches Unternehmertum braucht eine Vision, Intelligenz, Leidenschaft, intrinsische Motivation – aber ohne Fleiß entsteht aus alldem nichts. Denn Fleiß bedeutet: Gewolltes in Handlung umzusetzen. Fleiß ist eine essenzielle Ingredienz innovativer Organisationen – nur wird sie eben auf den ersten Blick nicht unbedingt sichtbar. Nicht nur das Wirtschaftsunternehmen, auch das Kreative, der künstlerische Erfolg braucht Fleiß: Kein Roman, kein Sachbuch entstand je ohne ihn; auch wenn die Autorin oder der Autor selbst diese Ingredienz vielleicht nicht als Fleiß bezeichnen würde. Auf dem Sofa jedenfalls haben bereits viele Menschen ein Buch geschrieben; sich hingesetzt und es getan: Das haben nur wenige. Entweder sie tun nichts – oder sie engagieren einen Ghostwriter. Denn der Weg von einer bloßen Idee zum tatsächlichen Werk – sei es die eigene Firma oder das eigene Buch – braucht Fleiß: ..., Zielstrebigkeit, Tatkraft, Ausdauer, Sorgfalt, ...

Fleiß hat – und das ist ein in Sachen »Digitalisierung« interessanter Punkt – vor allem nicht bloß mit Aktivität zu tun, sondern auch mit Konzentration, mit Fokussierung. Eine Ressource, die zu bewahren und zu pflegen wir offenbar gut beraten sind. Selbst aus der Sicht eines IT-Optimisten ist der Befund zu unterstreichen: Womit uns die digitale Welt überreichlich versorgt, ist Zerstreuung, ist Ablenkung. Mit ihrer überbordenden Fülle, ihren unzähligen, tatsächlich endlosen Möglichkeiten an Kontakten, Kommunikationen, Neuigkeiten – übt sie Druck und auch Sog auf uns aus. Zerstreutheit entwickelt sich grade womöglich zu einer neuen Zivilisationsgeißel. Und hier kommt der Fleiß ins Spiel: Er bündelt genau das, was uns jeder Konzentrationslehrer, Achtsamkeitstrainer, Flow-Coach oder sonstige professionelle Motivator ins Aufgabenbuch schreibt: Ziel, Fokussierung, Aktivität, Handeln, Sorgfalt, Ausdauer.

Apropos: Zunehmender Beliebtheit erfreut sich, wenn es etwa um gutes Arbeiten geht, die sogenannte Flow-Theorie: Sich vertiefen in ein Tun, das einen ganz in Beschlag nimmt, sei, besagt dieser Ansatz, ein Königsweg zu einem Glücksgefühl – einem Flow. Fleiß kann einen genau damit belohnen: einem Flow.

Welche Berufe für das Flow-Erleben besonders empfänglich seien, wurde seitens der Süddeutschen Zeitung ein Experte – Management-Trainer – gefragt.»Im Grunde jeder«, lautete die Antwort.»Wer versteht, was er bei der Arbeit tut und warum er es tut, kann Flow empfinden – wenn er nicht abgelenkt ist. Sogar am Fließband ist das möglich. Manche Arbeiter versuchen immer besser und geschickter zu werden. Selbst bei dieser monotonen Tätigkeit suchen sie die Herausforderung. Dasselbe geschieht übrigens in der Freizeit. Wer Sport treibt oder ein Instrument spielt, sucht immer wieder nach neuen Herausforderungen. Faul am Strand herumzuliegen, macht nur für einen ganz kurzen Moment glücklich.« (Vollmuth 2011)

Auch andere prominente und nicht ganz unplausible Theorien sagen uns genau das: Auf ein Ziel hinzuarbeiten, mache glücklich. – Damit soll nun nicht etwa der Arbeitsalltag beschönigt werden. Nicht jede Fleißaufgabe, nicht jede Anstrengung ist eine Abkürzung zu Wolke 7; darin unterscheidet sich digitales Wirtschaften nicht von anderem Tun. Für eine funktionierende Internet-Plattform beispielsweise braucht es die Entwicklung von Prozessen, Quellcode und Vermarktungsstrategien, geeignetes Marketing und Verkauf der eigenen Idee, die Steuerung interner und externer Mitarbeiter, und noch einiges mehr. So ein Unternehmen ist echte Fleißarbeit – vielleicht sogar, angesichts der dank Globalisierung härter werdenden Marktbedingungen, mehr Fleißarbeit als früher. Ja, vielleicht, mit dem bekannten Bonmot Thomas Alva Edisons umrissen: 1 Prozent Inspiration, 99 Prozent Transpiration.

Wozu Bildung? Es gibt doch Wikipedia und Google – oder?

»Bildung ... Geistige und innere Formung, Vervollkommnung ...«

Wahrig, Deutsches Wörterbuch

Wie dem Begriff »Fleiß« hängt auch dem Begriff »Bildung« gelegentlich etwas Verstaubtes, Gestriges, Überholtes an. Vor allem in jenen zunehmend häufigeren Debatten, in denen der erhobene Zeigefinger das gute Argument ersetzen soll, wird die Bildung immer wieder mahnend angeführt – sowohl von Digitalisierungsskeptikern als auch von Befürwortern.

Tatsächlich ändert sich mit der Digitalisierung durchaus Entscheidendes: Immerwährendes Zu-Diensten-Sein von Internet-Suchmaschinen und einfachster Zugriff auf schier endlos scheinendes Weltwissen – das ist die momentane Sachlage; Information ist so schnell verfügbar, wie man eben Smartphone und Browser oder App starten kann. Die Frage, wo und inwieweit Bildung hier noch ins Bild passt, scheint zumindest nicht ganz abseitig. Und nun behaupte ich, Bildung sei eine Art »Überlebens- und Erfolgsmaxime«?

Information – Wissen – Bildung

»Unser Sohn muss alle europäischen Hauptstädte auswendig lernen. Ist das nicht übertrieben? – Man kann jeden Hauptstadtnamen doch im Internet nachschauen.« Eine solche Ansicht ist kein Einzelfall; nicht selten sind Eltern und Schüler – und zuweilen auch Lehrer – vereint gegen das Pauken von Faktenwissen. Man kann's schließlich online nachschauen. Wer eine Frage hat, der googelt.

Doch wer diese Art des Wissenserwerbs fordert, verkennt, dass Google auf Algorithmen basiert, die nicht neutral sind – ebenso wie andere Suchmaschinen auch. Und wie Norbert Bolz richtig attestiert, handelt es sich beim Google-Algorithmus um einen »Popularitätsalgorithmus« – alle Nutzer tragen zur Verbesserung bei (Bolz 2010). Denn Suchmaschinen protokollieren die Aufmerksamkeit (hier: das Verhalten) der Nutzer. Sie gehen davon aus, dass wichtig ist, was Andere für wichtig erachten. Die Prämisse ist, dass die meisten wollen, was die meisten wollen. Dafür hat sich der Ausdruck »kollaborativer Filter« durchgesetzt. Und so wird Wissenserwerb im Internet nicht breit – was man ursprünglich von den technischen Errungenschaften erhofft hatte – sondern auf einen Schmalspur-Wissenserwerb reduziert (im Raster der eigenen Erwartung und des von der Masse als relevant bewerteten). So ist gerade beim Wissenserwerb eine unreflektierte Internet-Nutzung kritisch.

Dennoch vertreten einige, wie Don Tapscott, die entsprechende These: Dass Schüler sich Faktenwissen aneignen, sei obsolet; alles könne in Wikipedia oder bei Google nachgeschlagen werden (Tapscott/Williams 2007). Meine Lieblingsanalogie zu diesem – zunächst vielleicht nachvollziehbar klingenden Gedanken – ist die Vorstellung, einem Alzheimer-Patienten zu sagen, er brauche sich an nichts erinnern, denn: Er könne ja alles nachschlagen. Was die Analogie auch aufzeigt, ist: Wissen, was man an Fakten zurzeit nicht weiß – also Wissen um das eigene Nicht-Wissen, um die weißen Flecken auf der eigenen inneren Landkarte – ist auch relevantes Wissen.

Die Neugier ist einer der stärksten Motivatoren des Menschen. Das zu verkennen, ist fatal – führten bereits Ende 1947 Max Horkheimer und Theodor W. Adorno in »Zur Genese der Dummheit« prophetisch aus: Wenn wir dieser mächtigen menschlichen Antriebskraft, der Neugier, entmutigend begegnen, sie ausbremsen, in Ketten legen, mit Langeweile anästhesieren – wovon manch ein Schüler ein Lied singen kann –, dann leisten wir der Genese von Dummheit nachhaltig Vorschub.«

Heute kann die menschliche Neugier nun auf sehr Unterschiedliches stoßen. »Im Internet nachschlagen ...« – das heißt zunächst mal, auf Informationen zu treffen. Manche nennen solche auch »digitalisiertes Wissen«. Es sind beeindruckende, effektiv unendliche Mengen an digitalisiertem

Wenn Schule Neugier abschafft, wird Dummheit gebildet.

Wissen zusammengetragen in der digitalen Welt. Aber Masse alleine ist noch keine Qualität. So brauchen wir nicht zu fürchten, dass Wikipedia veraltet ist; die einzig lohnende Sorge überhaupt ist, ob dort Gefundenes richtig oder falsch ist. Denn wessen Wissen finden wir dort? Zunächst einmal im Normalfall jedenfalls nicht meines; erst wenn diese Informationen in irgendeiner Form aktiv von mir als User absorbiert, verarbeitet, in meinem ureigenen Intranet, meinem Gedächtnis, gespeichert werden, sind sie tatsächlich mein Wissen – weiß ich die Fakten. Was indes den aktiven Prozess des Aneignens erfordert. Worauf das Internet selbst, zumindest in seinen »Marktführern«, nicht angelegt ist. Es geht Google und Co. nicht darum, mein Wissen zu vergrößern – sondern um meine Bewegung, meine Sprünge von Hyperlink zu Hyperlink, mein Surfen; es geht darum, meine zwar unablässige, aber bloß punktuelle Aufmerksamkeit zu generieren beziehungsweise zu binden – und nicht etwa darum, mich etwas zu lehren. Bei solch scheinbarem internetbasierten Wissenserwerb ist danach für jeden beobachtbar, dass sich die Suchanfrage während des Surfens sukzessive in eine – zuvor meist nicht geplante – Weise »weiterentwickelt«. Häufig landet ein Nutzer zum Ende seiner Suche bei einem völlig neuen – aber natürlich auch interessanten – Thema.

Unsere Neugier ist der denkbar größte Anreiz, auf Fakten zuzugreifen. Wesentlich in Sachen Wissenserwerb ist, dass wir uns, wie gesagt, die Fakten zu eigen machen können, sie uns aneignen, buchstäblich einverleiben – was nicht dasselbe wie Nachschlagen im Internet ist. Surfen auf digitalen Informationsozeanen hat viel Reizvolles – ist indes nicht unbedingt identisch mit Wissenserwerb. Letzteres, Wissenserwerb, resultiert aus dem Herstellen eigener Wissensnetze. Es geschieht, indem sich Fakten zu Zusammenhängen fügen, zu Wissensnetzen verbinden – und zwar nicht zu digitalen »Wissensnetzen« – sondern zu Wissensnetzen im eigenen Kopf. Erst wenn hier neuronale Verknüpfungen entstehen, sich Einzelheiten verbinden, zu Bedeutungs-, zu Sinnzusammenhängen, handelt es sich um eigenes Wissen. Strukturiertheit, Zugriffsfähigkeit, Kontextualisier- und Transferierbarkeit zeichnen es aus, und mehr. So ließ Arthur Conan Doyle seinen Protagonisten Sherlock Holmes das menschliche Gehirn mit einer Dachkammer vergleichen. Dabei machte er deutlich, dass es wichtig ist zu wählen, was dort aufbewahrt wird: »Nur ein Thor füllt sie mit allerlei Gerümpel an.« Denn: »Glauben sie mir, es kommt eine Zeit, da wir für alles Neuhinzugelernte etwas von dem vergessen, was wir früher gewusst haben. Daher ist es von höchster Wichtigkeit, dass unsere nützlichen Kenntnisse nicht durch unnützen Ballast verdrängt werden.« (Doyle 2013)

Bildung wiederum ist noch mehr: die Nutzung dieses Wissens, als Fähigkeit, »sich in der ständig sich wandelnden Welt zu orientieren, kritisch zu urteilen und selbstbestimmt zu handeln« (Grunert 2006, 16).

Bildung = Entwicklung

Bildung hat zu tun mit des Menschen ureigenster Entwicklung; es geht, wie es im Wahrig heißt, um die – »geistige und innere Formung, Vervollkommnung«. Da ist das Faktenwissen – etwa bezüglich europäischer Hauptstädte oder der Stromleitfähigkeit von Edelmetallen, der Handhabung eines Radwechsels beim Auto oder eines Reifenflickens beim Fahrrad oder der Funktionsweise von Backhefe oder der Position der Batterie auf dem PC-Mainboard – eine Basis. Sich derlei Faktenwissen zu eigen gemacht zu haben, heißt: es mit anderem Faktenwissen verknüpfen zu können, es auf andere Sachverhalte transferieren zu können, es einbinden zu können in anderes Weltwissen, und dieses umfassendere Wissen wiederum ..., und so weiter. Für das alles braucht es indes in erster Linie weniger das globale digitale Netz, sondern den eigenen Kopf, das eigene Denken, das eigene, ganz persönliche »Intranet«.

Lernen, Entwicklung, Bildung: Sie sind untrennbar miteinander verknüpft. Das eigene Intranet nutzen heißt, es gleichzeitig auch automatisch zu aktualisieren, zu warten, zu pflegen, zu trainieren. Etwas als Wissen zu verankern heißt, es zu memorieren, es aus seinem Gedächtnis hervorzuholen, zu kontextualisieren – vielleicht Fantasie hinzuzumengen –, es weiterzugeben. Man denke etwa an den Bildungsbeitrag, den die mündliche

Erzähltradition geleistet hat, indem beispielsweise Geschichte oder auch Geschichten von Generation zu Generation weitergegeben wurden. Es ist in gewisser Hinsicht nichts anderes als das, was meine Tochter macht, wenn sie mir übungshalber beim Spaziergang erzählt, was sie zum Thema »Entwicklung und Status quo des BREXIT« weiß – eines von drei möglichen Prüfungsthemen morgen in der Schule. Es wird (weiter)erzählt und damit »gelernt«: Learning by Doing.

Was den Bildungsbegriff ausmacht, wie er gerade auch in Zeiten der Digitalisierung interessant und hilfreich sein kann, ist seine Reichweite: Inter- beziehungsweise Transdisziplinarität beispielsweise ebenso wie ein »transinstrumentelles«, nicht ökonomisch-zweckfunktional eng geführtes Verständnis (Lederer 2014). Ganz im Sinn von Johann Wolfgang von Goethe oder Alexander von Humboldt, die stets – wie ihre Zeitgenossen – eine Interdisziplinarität der Bildung forderten. Angeblich Intellektuelle, die mit ihren schlechten Leistungen in Mathematik kokettieren, passen nicht in dieses geforderte Bildungsprogramm. Denn es galt damals wie auch heute, nicht nur einseitig schlau oder gebildet zu sein.

Es geht dabei auch weniger um die von Manfred Spitzer in die Diskussion gebrachte Möglichkeit einer »digitalen Demenz« (Spitzer 2012); idealiter setzt die Diskussion früher an, nämlich bei den (guten) Gründen für Wissenserwerb und eigene Bildung – eben als »innere Ausformung, Vervollkommnung«, Basis der Selbstentfaltung und Selbstbestimmung.

Bildung = Cleverness?
Entscheidende Frage: Was bleibt uns selbst, at the end of the day? Die global verfügbaren Informationen sind es nicht. Um einmal den ebenso IT-affinen wie skeptischen Nicholas Carr zu zitieren: »Die Verbindungen im Netz sind nicht unsere Verbindungen – und sie werden es auch niemals sein, ganz egal, wie viele Stunden wir mit Surfen und Suchen zubringen« (Carr 2010, 306). Unsere Verbindungen? Das sind die Verbindungen im eigenen Kopf, im eigenen Denken – und auch im Fühlen. Denn Bildung ist

keine ausschließlich rationale Angelegenheit. Sie unterscheidet sich nicht nur von Information, sondern ist auch etwas anderes als Cleverness und Intelligenz; sie meint tendenziell etwas Umfassenderes, eher den ganzen Menschen. Wenn es so ist, dass Computer im Berechnen et cetera entscheidend leistungsfähiger sind als wir Menschen; dann sind wir gut beraten, wenn wir das andere, das Umfassendere, das wir nicht »digital auslagern können«, hegen und pflegen. Nicht nur, weil wir es eben nicht delegieren können – sondern vor allem, weil es Selbstermächtigung, Selbstentwicklung, Selbstformung ist: sich gut anfühlt, at the end of the day. Denken, tüfteln, Zusammenhänge herstellen, Erkenntnisse haben, Kontexte entdecken – sich und anderen die Welt erklären, wie man sie gestern sah, heute sieht, für morgen projektiert.

Gestaltung der Zukunft braucht Verständnis der Gegenwart sowie Kenntnis, Erinnern, Begreifen der Vergangenheit, der Geschichte. Und mehr noch:

Bildung: ein Kompetenzkanon
Inwieweit Bildung über Wissen hinausgeht, zeigt sich zum Beispiel, wenn Menschen sich miteinander verständigen wollen oder zumindest sollen. Im Unternehmen, im Büro, in Schule und Ausbildung, in Familie und Nachbarschaft, in der Elternpflegschaft, im Viertel, in der Gemeinde: Gerade in der global vernetzten, digitalen Gesellschaft gewinnt auf der anderen Seite die direkte Verständigung – auch über soziale, kulturelle, politische Grenzen hinweg – an Bedeutung und Relevanz. Wenn sich etwa eine Gruppe für ein gelingendes Miteinander auf Gemeinsames, und darüber auf Ziele, zu verständigen sucht, dann geschieht das durch Eintritt in einen Gestaltungsdiskurs. Heterogene Meinungen, Wertvorstellungen, Machtinteressen treffen aufeinander; unterschiedlichste Informations- und Sachkenntnisstände.

Was hier, wenn es gut läuft, zum Zuge kommt, ist nicht der schnelle Zugriff auf »digitalisiertes Wissen«, auf Informationen – die Ad-hoc-Generierung von Instant-Wissen in der Zeit, die es braucht, Smartphone und Browser zu starten und Google oder Wikipedia. Ganz im Gegenteil: Sachkompetenz ist in solchen Fällen nur so weit hilfreich, wie sie einhergeht mit sozial-kommunikativen Kompetenzen – ansonsten gilt, platt gesagt: Keiner hört zu. Wovon solche Diskurse profitieren, ist kaum das »digitalisierte Faktenwissen«, sondern das andere Wissen, das es – zumindest zurzeit – ausschließlich in Verbindung mit Menschen gibt: Bildung. Diskursfähigkeit, Reflexionsfähigkeit, Zuhörenkönnen, Sich-Artikulieren-Können – ein Kompetenzkanon, idealiter grundiert durch Empathie, Interesse, Neugier, Freude am Austausch. Gebildete Menschen. An ihrer Bildung interessierte Menschen. Wenn sich auf dieser Basis Diskurse entwickeln, werden Schnittstellen von Wissen, Bildung und gemeinsamer Formung von Kultur sicht- und fruchtbar.

Resümee: Es gibt Werte, die zu kultivieren auch und gerade in Zeiten der Digitalisierung lohnen kann. Fleiß – »beharrliches Streben nach einem Ziel, mit Eifer und Sorgfalt« – ist eine der besten denkbaren Arten von Training; legt beispielsweise den Grundstein für Ausdauer auch in langen Entwicklungszyklen und die sicherlich nicht leichter werdende aktive Teilhabe am globalen Wettbewerb. Bildung ist die Ingredienz schlechthin für erfolgreiches Agieren: Es ist unser ureigener Besitz an produktiven Verbindungen. Nicht das weltweite digitale Netz mit seiner unendlichen Menge an Informationen, sondern das, was wir uns aus all der Fülle dieser Welt tatsächlich zu eigen gemacht haben: unser ganz persönliches, untrennbar mit uns verbundenes »Intranet«.

Maxime 2: Werde zum Teilzeit-Informatiker

»Die Welt zerfällt in wenige Programmierer, die formal und numerisch denken, und viele Programmierte, die buchstäblich denken«

Vilém Flusser (1920 – 1991); tschechischer
Medienphilosoph und Kommunikationswissenschaftler

Herz und Seele der Digitalisierung ist, allgemein gesagt, die Software: Es sind von Informatikern entwickelte Computerprogramme, die entweder auf Endgeräten und/oder in der Cloud ablaufen. Diese bewältigen ihre jeweiligen Problemstellungen unterschiedlichster Gattung mittels Algorithmen – logisch entwickelter Lösungsstrategien und -prozesse.

Algorithmen sind das, was aller Informationstechnologie zugrunde liegt; was sie in den Augen der Welt heute ausmacht, sind ihre Eigenschaften, wie wachsende Komplexität, teils zunehmende Intransparenz – und große Wirkmächtigkeit, Potenz. »Algorithmen deuten das Verhalten des Menschen, analysieren seine Körperwerte und seine Gene, sie empfehlen ihm, was er kaufen, was er lesen, was er essen, wen er mögen und mit wem er schlafen soll. Sie lenken seine Bedürfnisse, seinen Geschmack, sein Bild von der Welt ... Sie steuern seine Handlungen.« (Der Spiegel 34/2015, 9)

»Was dahinter steckt ...« – Bedienen und Begreifen

Computer, Handys, Smartphones, Tablets – sie zu bedienen, dazu ist heute nahezu jeder in der Lage. Und wenn es mal hakt: Anleitungen und Tipps und Tricks finden sich bei Bedarf im Netz.

Doch Bedienenkönnen ist nicht identisch mit Verstehen. Das merkt man, wenn etwas nicht richtig läuft, bisweilen ganz schnell. Na und, könnte man fragen: Ist das ein Problem? Man fährt schließlich auch Auto, ohne ein fundiertes Wissen über Verbrennungsmotoren zu haben. Doch diese Analogie trägt nicht wirklich weit; da bestehen erhebliche Unterschiede: In wesentlichen Hinsichten funktioniert die Verbrennungsmaschine namens Ottomotor anders. Und diese Software, Programme, die ihnen unterliegenden algorithmischen Verfahren, die Quellcodes, sind nicht neutral, nicht wertfrei. Software ist ein menschliches Artefakt, in das im Prozess seines Entstehens Werte und Interessen mit einfließen: ökonomische, ethische, gesellschaftliche, politische. Es sind Produkteigenschaften, die von außen – also durch uns Konsumenten, Anwender – als solche erst einmal nicht erkennbar sind. Kurz: Softwarestrukturen transportieren die Werte ihrer Macher (Introna/Nissenbaum 2000) – und mit diesem Sachverhalt in irgendeiner Form kundig umgehen zu können, ist für uns alle nicht ganz unwichtig. Das ist allerdings nur einer von vielen Vorteilen und vor allem auch Annehmlichkeiten, die es mit sich bringt, Teilzeit-Informatiker zu sein in einer von der Digitalisierung geprägten Welt.

Raspberry-Pi und anderer Nonsens

Verbreitetes Missverständnis ist: Informatisches Denken, informatische Bildung sei identisch mit Programmieren lernen. So fordert der Medientheoretiker Norbert Bolz, dass Programmieren für Schüler einmal so selbstverständlich wird, wie lesen und schreiben. Es ist aus seiner Sicht eine Frage an die Pädagogik und das Selbstverständnis der Bildungsprozesse (Gille 2010). Am besten beginne das Programmieren-Lernen schon im Grundschulalter. Diesem Anliegen widmen sich unterschiedliche Initiativen. Schulen starten beispielsweise Programmierprojekte in AGs oder im Informatik-Unterricht – beispielsweise am Raspberry-Pi: einem Einplatinencomputer in der Größe einer Kreditkarte mit TV-Ausgang und USB-Anschluss, auf dem simple Anwendungsprogramme spielerisch leicht implementierbar sind. Oder es wird Java – eine in der Praxis und für Zukünftiges nur noch wenig relevante Programmiersprache – gelehrt und in kleinen Dummy-Projekten vertieft. So etwas kann durchaus Spaß machen – aber entscheidende Kompetenzen, etwa informatorisches Denken, werden auf diese Weise nicht vermittelt. Den Fokus auf Programmierung zu legen und damit auf leicht prüfbare Handlungskompetenzvermittlung, ist ein Fehler, den nicht nur Schulen machen, sondern auch die Informatik-Fakultäten an Universitäten und Fachhochschulen, kritisiert etwa die Gesellschaft für Informatik, der Berufsverband der Informatiker: Die Programmierung in den Mittelpunkt der informatischen Bildung zu stellen, sei ein weitverbreiteter Ansatz, der in die falsche Richtung gehe. Es sei zu wenig, wenn Schüler isoliert eine Programmiersprache erlernen, ohne zu verstehen, was erstens beim Programmieren ablaufe und wie dies zweitens in der Welt wirke, die Welt verändere. – Im Endergebnis wird seitens der Informatiker in einer Art Manifest ein ganzheitlicher Zugang gefordert.

Das Informatiker-Manifest

Die Kernaussage des Informatiker-Manifests: Es gelte, informatorische Bildung in drei Dimensionen zu betrachten und zu vermitteln, technologisch, gesellschaftlich-kulturell und anwendungsbezogen (Dagstuhl-Erklärung 2016).

Die technologische Dimension entlang der Frage: Wie funktioniert das? »Die technologische Perspektive hinterfragt und bewertet die Funktionsweise der Systeme, die die digitale vernetzte Welt ausmachen. Sie gibt Antworten auf die Frage nach den Wirkprinzipien von Systemen, auf Fragen nach deren Erweiterungs- und Gestaltungsmöglichkeiten. Sie erklärt verschiedene Phänomene mit immer wiederkehrenden Konzepten. Dabei werden grundlegende Problemlösestrategien und -methoden vermittelt. Sie schafft damit die technologischen Grundlagen und Hintergrundwissen für die Mitgestaltung der digitalen vernetzten Welt.«

Die gesellschaftlich-kulturelle Dimension entlang der Frage: Wie wirkt das? »Die gesellschaftlich-kulturelle Perspektive untersucht die Wechselwirkungen der digitalen vernetzten Welt mit Individuen und der Gesellschaft. Sie geht zum Beispiel den Fragen nach: Wie wirken digitale Medien auf Individuen und die Gesellschaft, wie kann man Informationen beurteilen, eigene Standpunkte entwickeln und Einfluss auf gesellschaftliche und technologische Entwicklungen nehmen? Wie können Gesellschaft und Individuen digitale Kultur und Kultivierung mitgestalten?«

Ein zentraler Punkt, an dem sich derzeit beispielsweise in öffentlichen Debatten technologische und gesellschaftlich-kulturelle Aspekte berühren: Algorithmen – ihr Zuwachs an Komplexität, an Potenz, an Intransparenz. Je komplexer, je potenter die Algorithmen, desto stärker ihre Eingriffe in die Welt und das vielfach eben in Verbindung mit Intransparenz. »In dem Maße, in dem die real existierenden Algorithmen unseren Bücherkauf, unseren Musikgeschmack und unsere Suchanfragen beeinflussen, ist der Algorithmus auch zum Gegenstand der Kulturkritik avanciert. Die potenten Rechenvorschriften sind verstärkt in die Sphären kultureller Praxis eingedrungen und bieten dort ihre Berechnungsergebnisse an. An dieser algorithmischen Durchdringung menschlicher Lebensbereiche hat sich die Grundsatzkritik entzündet« (Thermann 2012).

Doch zurück zum Informatiker-Manifest. Als dritte Dimension benennt es die anwendungsbezogene entlang der Frage: Wie nutze ich das? »Die anwendungsbezogene Perspektive fokussiert auf die zielgerichtete Auswahl von Systemen und deren effektive und effiziente Nutzung zur Umsetzung individueller und kooperativer Vorhaben. Sie geht Fragen nach, wie und warum Werkzeuge ausgewählt und genutzt werden. Dies erfordert eine Orientierung hinsichtlich der vorhandenen Möglichkeiten und Funktionsumfänge gängiger Werkzeuge in der jeweiligen Anwendungsdomäne und deren sichere Handhabung.«

Hier geht es darum: Wo liegen meine Interessen als Anwender? Mit welcher Soft- und Hardware bin ich wirklich gut bedient? Die Fragen-Trias, die sich dazu etwa stellt: Why, what, how? – Why: Warum setze ich IT ein – worum geht es mir? Was möchte ich mittels IT erreichen? Wie komme ich dorthin? – What: Für welche IT, welche Hard- und Software entscheide ich mich? – How: Wie setze ich die ausgewählte IT ein? Gefragt ist hier nicht Expertentum, nicht die Entwickler-Kompetenz der Fachleute, der Informatiker. Sondern gefragt ist eine für die jeweils eigenen Interessen und Belange hinreichende Anwender-Kompetenz – über die idealiter durchgängig alle verfügen, und die weder einzig auf Programmieren begrenzt noch lediglich eine Bedienkompetenz ist.

Für eine generelle – tatsächlich allumfassende – Überlebens- und Erfolgsmaxime halte ich: anzusetzen bei Denkmustern der Informatik.

Informatisches Denken – Denkmuster der Informatik

Informatisches Denken meint: Problemlösen oder, allgemeiner gesagt, Aufgabenlösen. Der Aufgabenerfüllungs- oder Lösungsweg führt über Abstraktion und Logik. Der Sachverhalt, um den es geht, wird gedanklich strukturiert, zerlegt, auf sein für die jeweilige Fragen-/Aufgaben-/Problemstellung Wesentliches reduziert. Von als in diesem Fall irrelevant eingeschätzten Details wird abgesehen. Kurz: Abstraktion ist hier Komplexitätsreduktion. Wesentlicher Grundzug der Informatik ist weiter: Die Abstraktion wird in einer formalen, einer künstlichen Sprache formuliert – etwa der Sprache der Mathematik, der Sprache der formalen Logik, einer Programmiersprache; die unterschiedlichen Programmiersprachen bieten unterschiedliche Möglichkeiten.

Auf dieser Ebene der Abstraktion wird nun der Weg der Problem-/Aufgabenlösung durchdacht, Schritt für Schritt – die entscheidende, algorithmische Verfahrensweise: Mittels Algorithmus wird ein Problem-/Aufgabenlösungsprozess auf einem bestimmten Abstraktionsniveau beschrieben. Anders gesagt: Ein Algorithmus bezeichnet eine systematische, logische Vorgehensweise, die zur Lösung eines vorliegenden Problems beziehungsweise einer gestellten Aufgabe führt.

Ein Algorithmus besteht aus endlich vielen, wohldefinierten Einzelschritten. Für den Computer ist der Algorithmus im Endeffekt, ganz allgemein gesagt, die eindeutige Rechenvorschrift, die konkrete Handlungsanleitung. Einen bestimmten Sachverhalt in der Wirklichkeit und den Umgang damit übersetzen in eine Kette eindeutiger, formal beschreibbarer, logisch aufeinander und auseinander folgender Schritte – um ihn so der automatisierten Verarbeitung zugänglich zu machen –, das ist Grundkonzept der Informatik und ein Grundelement informatischen Denkens.

Zusammengefasst: Am Anfang steht eine Aufgabenstellung oder ein konkretes Problem, dass es zu lösen gilt; am Ende steht das errechnete Ergebnis; und der Weg von A nach Z führt über Algorithmen – die etwa, wie oben angesprochen, als zunehmend komplex, zunehmend potent, und, zumindest bei Marktführern wie Facebook, Google et cetera, zunehmend intransparent gelten.

Das Ausschlaggebende, was jeder von uns von der Informatik übernehmen kann, ist der abstrahierende Blick auf Sachverhalte, Probleme, Fragen. Abstraktion bedeutet: zu entscheiden, was an diesem Sachverhalt aus einem bestimmten Blickwinkel, einem bestimmten Interesse heraus wesentlich ist, und was irrelevant. Das Typische erkennen, das Muster, die Ähnlichkeit zu anderen Problemstellungen, die Zerlegbarkeit in Einzelschritte. Diese Grundhaltung entspricht der Ausrichtung auf möglichst einfache, effiziente Denkstrategien, etwa als Heuristiken bezeichnet.

Algorithmisches Denken heißt: Ich denke strukturiert; unter Leitfragen wie: Wenn ich den ersten Schritt mache, was folgt als Nächstes? Was ist beispielsweise eine Sequenz? Was ist eine Auswahl, was ist ein Zyklus? Eine Sequenz bedeutet, dass ich Befehle abarbeite von oben nach unten, Zeile für Zeile. Eine Verzweigung bedeutet, dass ich eine Auswahl treffen kann in jedweder Form. Und ein Zyklus bedeutet eine Wiederholung unter entsprechenden Bedingungen.

Zu denken wie ein Informatiker, heißt auch, nach der definition of done zu fragen: Wann gilt eigentlich das Problem als gelöst? Wann ist etwas eine Lösung? Ist eine ungefähre Lösung gut genug, oder bedarf es tatsächlich einer genauen Lösung? Und: Eine Lösung kann zwar funktional richtig, indes ineffizient oder unelegant sein. Und wie steht es mit der Fehlerdefinition? Fehlersorten? Mit Fehlertoleranz, Fehleralarm, Fehlerkorrektur? Aus informatischer Perspektive gibt es – ähnlich wie bei der Erkenntnistheorie Karl Poppers – nur Programme, für die Fehler bekannt sind, und solche, für die keine Fehler mehr bekannt sind. Das Debugging, das Diagnostizieren und Auffinden von Fehlern, hat praktisch nie ein Ende.

Zu denken wie ein Informatiker, heißt auch: um Alternativen zu wissen, beispielsweise was Denkansatz oder Vorgehen angeht. Rekursion, Iteration, serielle oder Parallelverarbeitung ... Daten können Typen repräsentieren, mehrere Namen können dasselbe Objekt bezeichnen. Und Modularisierung: Komplexe Aufgaben werden in Teilaufgaben zerlegt und die Lösungen anschließend wieder zusammengeführt - nicht nur wegen der Aufgabenaufteilung interessant, sondern auch wegen des Zugewinns an Optionen in der Lösungsfindung. So kann etwa einem komplexen System auch vertraut werden, ohne es im Detail zu verstehen. Informatisches Denken bedeutet ferner, darum zu wissen, wie hilfreich ein Perspektivenwechsel sein kann: sowohl hinsichtlich der Problemdarstellung als auch hinsichtlich der Lösungsalternativen.

Informatisch zu denken, heißt, mithilfe von Heuristiken zu denken. Der Begriff Heuristik bedeutet dem Wort nach sinngemäß: »Anleitung zur Erkenntnisgewinnung«. In der Informatik steht er etwa für Daumenregeln zwecks Reduzierung des mit einer Aufgabenlösung verbundenen Aufwands durch Zugrundelegung bisher mit der Lösung ähnlicher Aufgaben gemachter Erfahrungen. Informatisch denken, bedeutet: Lernen und Lernkurven einzuplanen, Unsicherheiten zu berücksichtigen, und, last not least: Prävention, Schutz, Schadensbegrenzungen, Fehlerkorrekturen und Wiederherstellung in Worst-Case-Szenarien im Blick zu haben.

Informatische Denk- und Arbeitsweisen können gerade mit Blick auf die digitale Transformation hilfreich sein. Denn im Grunde bedeutet diese Transformation genau das: Handlungen aus ihrem Kontext herauszulösen, Operationen daraus zu bilden, diese in eine formale Sprache, also in ein Programm, zu überführen, und anschließend das Programm in den Kontext zurückzuführen. Anders gesagt: Es wird etwas zerstört und Neues konstruiert. In den Prozess spielen Einschätzungen, Definitionen, Sichtweisen – etwa des Programmierers – hinein; es werden Entscheidungen getroffen; all das fließt im Endeffekt ins Resultat mit ein. Im Ergebnis wird die Wirklichkeit verändert, zum Beispiel die Arbeitswelt.

Transfer: Zum Beispiel »Scrum«

Ein Beispiel für einen fruchtbaren Transfer informatischer Denk- und Arbeitsweisen ist das Projektmanagement-Modell »Scrum«. Ursprünglich eine Technik der Softwareentwicklung, hat sie sich branchenübergreifend zu einer Art Quasistandard der Projektarbeit entwickelt. Scrum bietet einen Gegenentwurf zur klassischen Befehls-/Kontrollorganisation. Statt beispielsweise Mitarbeitern möglichst genaue Arbeitsanweisungen zu erteilen, werden interdisziplinär besetzte Teams zusammengestellt, die zwar eine Zielvorgabe bekommen, den Weg dorthin indes selbst steuern.

Als Kernmerkmale von Scrum gelten: Regelmäßige Überprüfungen von Zwischenergebnissen sorgen für Transparenz über den erzielten Fortschritt; die Teamarbeit ist geprägt von Selbstorganisation; verbindend wirkt etwa eine gemeinsam fixierte definition of done – ein gemeinsames Verständnis dessen, unter welchen Bedingungen die zu leistende Projektarbeit als fertiggestellt gelten kann.

Effizienz-Transfer

Ähnliche Transfermöglichkeiten für Tools und Applikationen aus der Informatik ins Unternehmen bieten sich sowohl für das Selbstmanagement – die persönliche Produktivitätsumgebung steuern und einrichten – als auch das Management, die Mitarbeiterführung et cetera. Mehr braucht man dann eigentlich nicht.

Eine ganz einfache Losung aus dem informatischen Denken ist: Doppelarbeit meiden. Repetitive Prozesse, Wiederholungen derselben Arbeitsschritte sind idealiter stets Anlass zum Nachdenken über technische Lösungen. Das ist etwas, das in Unternehmen mit Blick auf eine digitale Transformation schnelle Effizienzgewinne versprechen kann – werden doch heute viele Routinetätigkeiten noch immer wiederholend manuell erledigt. Diese Denkweise gehört auf den Prüfstand.

Eine weitere einfache Devise: Im Unternehmen nach Mustern und damit Redundanzen suchen. Gerade tayloristisch aufgebaute hierarchische Unternehmen neigen dazu, Funktionen mehrfach auszuprägen, was einem geschickten digitalen Vorgehen entgegensteht. Und: Unternehmensprozesse, die mit Suchen und Sortieren zu tun haben, in den Blick nehmen! Das ist klassischer Ansatzpunkt informatischen Denkens: möglichst schnell und mit wenig Ressourceneinsatz Dinge zu sortieren.

Elementar ist beim Transfer von informatischem Denken: den Nutzen elektronischer Unterstützung schätzen zu lernen und einzuschätzen. Durch mangelhafte oder fehlerhafte technische Ausstattung vergeuden Mitarbeiter nach einer Censuswide-Studie 2016 in erheblichem Umfang Arbeitszeit: im Schnitt bis zu achtunddreißig Minuten pro Tag. Der größte Zeitfresser ist die Suche nach Dokumenten aufgrund eines ineffizienten Ablagesystems; der zweitgrößte eine überalterte IT-Ausstattung und mangelnde Anwender-Kompetenz. Dies hat nicht nur Auswirkungen auf die Arbeitseffizienz, sondern durch den daraus entstehenden Frust auch auf die Arbeitsmotivation. Deshalb: Gerade mit Blick auf die Technik geht es nicht um »schneller, höher, weiter«, sondern um zuverlässig funktionierende und leicht zu wartende Geräte und deren richtigen – kompetenten – Einsatz.

Wenn es um Einsatz und Nutzung digitaler Möglichkeiten geht, sind gerade Führungskräfte gefragt – unerheblich, ob Digital Immigrants oder Digital Natives: Ihre eigene aktive Teilhabe daran, durch Kompetenz, Wissen, Interesse – das ist für die Mitarbeiter richtungweisender als jede Chefansage und Anweisung. Erfolge digitaler Wirtschaft sind vielfach verbunden mit »informatischem Denken auf der Chefetage«. Beispielsweise, um einmal einige Marktführer zu nennen: Lawrence Edward Page, Google, Softwareentwickler, Masterabschluss in Informatik; Mark Zuckerberg, Facebook, Studium der Informatik und Psychologie; Pierre Omidyar, eBay, Bachelor of Science in Informatik; Jeffrey Preston Bezos, Amazon, Bachelor in Elektrotechnik und Informatik; Jack Dorsey, Twitter, Autodidakt in Softwareentwicklung.

Führungskräfte sind
Vorbilder – auch im
digitalen Begreifen.

Durchgängig gilt: Durch die digitale Transformation verändern sich Unternehmen, Geschäftsmodelle und -prozesse derart, dass informatische Kompetenz auf jeder Ebene zählt: Nicht nur die formale Qualifikation, sondern auch das nicht formal beziehungsweise informell erworbene Know-how entscheidet über die »Employability« und eröffnet etwa auch Nerds den Weg in die oberen Unternehmensetagen.

Abschließend noch ein nicht unwesentlicher Punkt: Wenn ich von einer »informatorischen Grundkompetenz oder auch Grundhaltung« spreche, die gerade auch heute und künftig helfen kann, dann gehört dazu all das: die Fähigkeit zur Abstraktion, zum logischen Vorgehen und so weiter. Doch eigentlich zählt etwas anderes noch viel mehr: Experimentierfreudigkeit. Denn auf die Erfordernisse einer digitalen Welt sind die besonders gut vorbereitet, die sich von anfänglicher Unsicherheit ebenso wenig abhalten lassen wie von Frustration, wenn es nicht klappt.

Resümee: Informatische Kompetenz in ihrer gesamten Bandbreite – technologisch, gesellschaftlich-kulturell, anwenderbezogen – eröffnet Optionen für Denken, Handeln und Haltung: vor allem auch, wenngleich keineswegs nur, im Kontext der digitalen Transformation.

Maxime 3: Lerne, zu lernen

»Wenn Ihnen die erste Version Ihres Produkts nicht peinlich ist, haben Sie es zu spät herausgebracht.«

Reid Hoffmann (*1967); US-amerikanischer Unternehmer und Autor

Fehler machen!

»Es ist ein Fehler, keinen Fehler machen zu wollen.« – Diesem Sprichwort würden vermutlich viele von uns zustimmen; indes eventuell zögernd. Denn irgendwie widerstrebt einem das auch – vielleicht gerade unserer deutschen Mach's-vernünftig-und-gründlich-Mentalität geschuldet, unserem lange Jahre eingeübten Perfektionsstreben? Deutsches Unternehmertum, das heißt beispielsweise deutsche Ingenieurskunst. Für diese gilt: Nullfehlertoleranz. Und doch wissen wir alle, aus eigener, teils bitterer Erfahrung: Fehler werden gemacht; und gerade aus Fehlern lernen wir. Aber dennoch … Und wenn es nun schon mal passiert, dann: Bitte nicht öffentlich.

Neues ist nicht perfekt

Ein exemplarischer Unternehmensbereich ist die Produktentwicklung: Auf der einen Seite ist man sich bewusst, dass nichts von Anfang an perfekt ist – dass »Lernräume« essenziell für gelungene neue Produkte sind. Doch diese Lernräume bleiben intern und den Entwicklungsabteilungen vorbehalten. Die entstehenden Produkte sind komplex, die Entwicklungsarbeit langwierig, oft multidisziplinär, und hat mit Unsicherheiten und Unwägbarkeiten zu tun. Normen und Regulierungen sind zu berücksichtigen, umfangreiche Tests zu erarbeiten und durchzuführen, bis schlussendlich das Produkt aus eigener Unternehmenssicht perfekt ist. Bis dahin arbeiten Unternehmen normalerweise im Verborgenen. Gerade der deutsche Experte bleibt gerne unter seinesgleichen. Kunden werden – wenn überhaupt – erst sehr spät in den Prozess integriert. Und für etwaige Nachbesserungen gilt dasselbe wie in der Produktentwicklung: Sie erfolgen möglichst wiederum im Verborgenen – intern.

Solch ein Vorgehen steht in krassem Gegensatz zu dem, was wir bei den Marktführern, den Spitzenunternehmen der digitalen Transformation, beobachten – den Erfolgsunternehmen des Silicon Valley, den innovativen Unternehmen hierzulande und besonders den digitalen Start-ups. Die Empfehlung ein eigenes Unternehmen zu gründen ist im Silicon Valley ebenso normal wie das Scheitern einer Geschäftsidee zum Tagesgeschäft gehört. So sind viele nicht erfolgreiche Anläufe oftmals Grundlage für ein gelingendes Unternehmen. Doch gerade diese Haltung unterscheidet sich elementar von dem, was in Deutschland üblich ist: ein Start-up scheitert, geht pleite, so ist der Unternehmer ebenfalls gescheitert – eine zweite Chance wird ihm verwehrt. Gleichgültig, wohin wir schauen, ob Google, Facebook, Apple: Innovative Unternehmen gestehen sich von vornherein eine Lernkurve zu – leugnen diese nicht. Und genau dies ist eine Haltung, von der Unternehmen in der digitalen Wirtschaft profitieren. Scheitern und Unvollkommenheit: eine Chance. Eine Chance zur Etablierung einer Fehlerkultur.

Fix it statt Nullfehlertoleranz

Ein Blick auf die Ingenieure jenseits des Atlantiks: Anstelle einer Nullfehlertoleranz – die sich vornehmlich nur in stabilen Märkten auszahlt – findet sich dort das Fix-it: die Möglichkeit der Fehlerbehebung per Aktualisierung – etwa Software- oder Firmware-Update –, verbunden mit der Chance zur Verbesserung und Einführung neuer Leistungsmerkmale (Keese 2016).

Die vordringlichste Anforderung an ein neues Produkt ist aus dieser Sicht nicht Perfektion, sondern Schnelligkeit. Es gilt, dafür zu sorgen, dass möglichst rasch ein erstes reales Produkt entsteht. Dieses darf dann auch ein Minimalprodukt – »... starting small ...« – sein, das erst einmal nur über die Kernfunktionen verfügt; diese Basiselemente sollten allerdings bereits möglichst perfekt funktionieren. Und für den Rest gilt: »Fake it until you make it« – das Motto in dieser Entwicklungsstufe eines neuen Produkts.

Denn nachdem das Minimalprodukt entwickelt wurde, gilt es dann, sehr schnell herauszufinden, was Kunden sich (wirklich) wünschen und ob überhaupt eine Zahlungsbereitschaft für ein solch neues Produkt oder eine neue Dienstleistung besteht. Ebenso gilt es möglichst schnell zu lernen, wie aus einer vermeintlich guten Idee ein tragfähiges Geschäftsmodell entwickelt werden kann. Durch die damit verbundene frühe(re) Interaktion mit Kunden und deren Integration in die Weiterentwicklung erhält man genauere Daten über die tatsächliche Nachfrage: der Sache nach und hinsichtlich der Zahlungsbereitschaft.

Bananen? Nein: Kommunikation!

Nun kann einen der Verdacht beschleichen, es hier mit dem in Verruf geratenen »Ware reift beim Kunden«- oder auch »Bananen«-Produkt zu tun zu haben. In den Frühphasen der Digitalisierung gab es diese Vorgehensweise: Man wirft ein unausgereiftes Produkt auf den Markt – etwa Software –, und erst mittels der rückgemeldeten Frustrationserfahrungen, Reklamationen et cetera seitens der mit Produktfehlern kämpfenden Kundschaft kommt es dann, mehr oder weniger, zur eigentlichen Produktreife. Software diesen Typs nannte man auch »Bananen-Software«, denn wie die gleichnamige Südfrucht gelangt sie eben unreif, mehr oder weniger ungenießbar, auf den Markt, und reift erst beim Kunden. Ein zu Recht in Verruf geratenes Vorgehen, wird es doch mit Unredlichkeit und Kundentäuschung in Verbindung gebracht: Im Unterschied zur Banane sieht man manchem technischen Produkt, etwa einer Soft- oder Hardware, seine Unreife nicht auf den ersten Blick an, sondern macht erst durch gegebenenfalls leidvolle Erfahrungen damit Bekanntschaft.

Will man nun etwa als Führungskraft in seinem Unternehmen mehr in Richtung Lernen, Unvollkommenheit, Small is beautiful vorantreiben, wird man sich insofern möglicherweise auch intern gegen den Vorwurf von Bananenprodukten durchsetzen müssen. Aber gerade um »Bananen« geht es beim Unternehmenslernen, beim Unvollkommenen nicht! Im Gegenteil. Es handelt sich aber hier um eine bewusst einkalkulierte – und möglicherweise auch kommunizierte – Unvollkommenheit. Und gerade dieser Punkt ist entscheidend: die bewusste, aktive Kundeninformation und vor allem Einbindung. Dass die Kunden sich in ihrer Rolle als »Mitentwickler« ernst genommen sehen, ist ein Schlüsselelement. Eine ganz elementare Frage ist etwa: Wie wird die Unvollkommenheit den Käufern vermittelt; wie geschieht die Kundeneinbindung; wie werden Kundenerfahrungen, Feedback et cetera eingeholt; wie wird vor allem auch unternehmensseitig Resonanz – Umsetzung von Kundenanregungen et cetera – rückgemeldet?

Nicht perfekte Produkte erreichen unter anderem eine bestimmte Kundschaft, die sogenannten Early Adopters. Diese Käufer sind sich dessen bewusst, dass sie ein neues Produkt, etwa eine neue Technologie nutzen; sie mögen diese Art von Unvollkommenheit, vertrauen ihr vielleicht mehr als schon sehr geschliffen wirkenden Produkten. Und diese Käufer sind auf eine bestimmte Art kooperativ; sie neigen beispielsweise dazu, Mängeln, die ein als nicht perfekt kommuniziertes Produkt noch aufweist, quasi entgegenzukommen: Lücken etwa mittels Vorstellungskraft zu füllen (Ries 2014).

Die grundsätzliche Abfolge für neue Produkte: Ideen in Funktionen und Produkte umwandeln; Reaktionen von Kunden in – geschlossenen oder offenen – Betaphasen messen; das Ganze kommunizieren: Kunden explizit einbinden; Feedback ausdrücklich einholen. Diese ersten Phasen der Verwendung und Resonanz als Lernphasen begreifen und nutzen; das Produkt schlussendlich entweder verwerfen oder weiterentwickeln. Und das Ganze im Wissen: Ein einzelnes Experiment ist möglicherweise nicht genug.

Es gibt ein informatisches Prinzip, dass diese Art der Produktentwicklung formuliert: build – measure – learn – improve. Aus einer Idee wird ein erstes Produkt entwickelt (build). Mit diesem frühen Produkt werden erste Erfahrungen gemacht, und notwendige Nutzungsdaten und Ähnliches gemessen (measure). Daraus entsteht ein Lerneffekt für die Entwickler (learn), der in neue Ideen zur Verbesserung (improve) umgesetzt wird.

Auf Vergleichbares hinaus läuft auch das unternehmerische Konzept des »Lean-Start-up« (Ries 2014). Es empfiehlt: Keine Zeit damit verschwenden, das perfekte Produkt entwickeln zu wollen, stattdessen das Wesentliche im Blick behalten, sich schnell von Fehler zu Fehler bewegen, Ideen inserieren und verbessern, insbesondere von den Kunden lernen.

Ein paradigmatischer Unterschied zwischen etablierten Unternehmen und etwa Start-ups liegt hier in der Denkweise: Während die einen ein Geschäftsmodell umsetzen, suchen die anderen nach einem Geschäftsmodell, mittels Probieren, mittels Trial and Error (Blank 2013). Der Launch eines sogenannten minimal funktionsfähigen Produkts ermöglicht es jungen Unternehmen, ihre grundlegenden Geschäftshypothesen und Annahmen zu überprüfen und frühzeitig tatsächliche Wünsche und Bedürfnisse der Zielgruppe zu ermitteln. Durch solch validierendes Lernen lassen sich Entscheidungen anhand von Realdaten treffen, statt auf Vermutungen bauend. Zentral für dieses Lean-Start-up ist die iterative Feedbackschleife: bauen – messen – lernen.

Lücken und Mängel als Motor von Marktbewegungen

Perspektivwechsel. Schaut man von einer Art Meta-Ebene auf den Markt, sieht man erstens: Selbstverständlich gibt es, gerade auch bei jenen etablierten Unternehmen, die sich nicht etwa Unvollkommenheit, sondern im Gegenteil Fehlerfreiheit auf die Fahnen geschrieben haben, genau das: nicht einkalkulierte Fehler, Lücken, Mängel. Trotz aller Ingenieurskunst und allem Perfektionsbestreben. Und genau hier setzen innovative Unternehmen, etwa Start-ups, oft an: Sie werden nicht selten beispielsweise um technologische Lücken etablierter Unternehmen »herumgebaut« – etwa als Ausgründung ehemaliger Mitarbeiter oder durch Menschen, die als Kunden oder auf andere Weise auf diese Lücke, dieses Problem aufmerksam wurden und darüber nachzudenken begonnen haben. Das neue, innovative Unternehmen setzt quasi dazu an, die Dinge umzukehren: die Lücke als Entwicklungs- und Lernraum für sich selbst zu nutzen.

Aus Sicht des etablierten Unternehmens besteht zu diesem Zeitpunkt noch eine gewisse Chance: Vielleicht kann es – reaktionsschnell – die Lücke noch schließen. Es kann seine – gewöhnlich vorhandene – ökonomische Überlegenheit dazu nutzen, Lücken schließende Lösungen einzukaufen. Gerade die großen und erfolgreichen Unternehmen der digitalen Wirtschaft sind auch hierin Vorreiter. Gelingt es dann, die eingekauften Ideen als inkrementelle Innovationen in das eigene Geschäftsmodell zu integrieren, erspart man sich entsprechend eigene Innovationsanstrengungen. Beispielsweise sind weder Android noch Google Docs Lösungen von Google selbst – sie basieren, wie auch Apples iTunes, auf Zukäufen entsprechender Technologie-Start-ups.

Erfolg und Misserfolg tatsächlich neu denken!

Wenn es um Neues geht, sind Unternehmen oft erst einmal darauf aus, sich in ihrer aktuellen Marktsicht abzusichern – es »richtig« gemacht zu haben. Mithilfe sogenannter belastbarer Studien und Analysen – insbesondere von renommierten Marktforschungs- oder Beratungsinstituten. Obgleich diese Vorgehensweise oft »putzig« anmutet, da Brancheninsider sich an externe Kohorten von Aktenfräsern, Allroundlaien und Businesskaspern wenden, um den eigenen Markt beschreiben zu lassen. Wenn man zudem durchblickt, wie solche Studien und Marktforschungen hergestellt werden, weiß man auch, warum davon grundsätzlich wenig bis nichts zu erwarten ist; Repräsentativität – oder das, was dafür »verkauft« wird – ist jedenfalls kein nötiges Qualitätssurrogat.

Vielfach ist eine solche Vorgehensweise aber schlichtweg Ausdruck eigener Ohnmacht und/oder Eingeständnis völliger Unkenntnis und Markt-Abgehobenheit. Es fehlt die in vielerlei Hinsicht notwendige (Er)Kenntnis – vor allem auch darauf bezogen, dass gerade Fehler für Neues eine inspirierende Quelle sein können.

Denn aus Fehlern kann man lernen und an ihnen kann man – persönlich wie auch als Organisation – wachsen. Das ist die Message, um die es mir hier, mit dieser Maxime, geht. Sie ist erstens nicht neu; das weiß ich. Sie ist zweitens nicht wirklich originell, sondern entspricht einem gewissen Zeitgeist. Und sie ist drittens, vor allem, sehr viel leichter verkündet als gelebt. Fehler können Konsequenzen haben, das wissen wir alle: wirtschaftlicher Verlust, Verlust an Reputation, Verlust in das Vertrauen in die eigenen Kompetenzen. Und schließlich: Fehler können Schaden anrichten in der Welt; fehlerhafte technische Geräte, fehlerhafte IT, das kann Leben kosten. Ich will hier nichts kleinreden oder beschönigen – das ist nicht der Punkt. Ich weiß: Scheitern ist nicht lustig.

Vielleicht ist es gut, kurz über die Wortwahl nachzudenken. Wenn wir von »Scheitern« sprechen, hat das etwas Endgültiges. Und mein Plädoyer zielt gerade darauf, das Endgültige aus der Gleichung herauszunehmen. Vielleicht sind tatsächlich andere Worte geeigneter: Fehler, Fehlschlag, Irrtum, Misserfolg ...

Vor allem im Kontext der digitalen Transformation ist ein Misserfolg in Sachen Innovation zunächst einmal tatsächlich wahrscheinlicher als ein Erfolg. Nicht nur deshalb, sondern auch, weil es tatsächlich Entwicklungskorridore eröffnet, rate ich insofern dringend kurz gesagt, zu einer Geisteshaltung des »Lernens durch Fehlschlag« oder auch: »Aus Fehlern und mit Fehlern lernen«.

Idealiter kommen die Fehlschläge möglichst früh. Für eine erfolgreiche digitale Transformation braucht es ein lernorientiertes Fehlerverständnis – also eine Fehlerkultur –, und ein bewusstes Tempo, quasi eine »Geschwindigkeitskultur«. Für Führungskräfte heißt das: es Mitarbeitern nicht nur ermöglichen, sondern dazu ermutigen: auszuprobieren, zu testen, zu verbessern und neu zu bauen – und das schnell! Denn: Je früher man einen Fehler macht, sich irrt, stolpert, hinfällt, desto besser ist es für den Lernprozess. Ein früher Fehler ist ein guter Fehler (Hartmann/Halecker 2016).

... im Sandkasten

Wie kann sich ein Unternehmen Entwicklungs- und Lernräume schaffen? Also: Bereiche, in denen Experimente erwünscht und Fehler möglich sind, ohne dass daraus – eventuell existenzbedrohende – Risiken erwachsen?

Schwierig wird das innerhalb bestehender Organisationsstrukturen, etwa eingebunden in eine übliche Unternehmenshierarchie. Denn das läuft auf »Kreativität nach Vorschrift« hinaus, das Ausbremsen von Experimentierfreude und Innovationskraft. Außerdem steht vielleicht tatsächlich auch zu viel auf dem Spiel: Wo Fehler gravierende Auswirkungen haben können, etwa wirtschaftlicher Art, ist wenig Platz für Fehlertoleranz und Experimente. Das heißt: Eine Haltung wie »Aus Fehlern und mit Fehlern lernen« braucht auch ein bestimmtes Setting, ein entsprechendes Umfeld. Wenn die Richtlinie beziehungsweise der Qualitätsanspruch lautet: »Null Fehler«, dann ist das eine paradigmatische Ausrichtung, die durchaus ihre Richtigkeit und Existenzberechtigung haben kann – und tatsächlich sehr oft auch hat –, die sich indes mit Lernen, Entwicklung, Innovation nicht wirklich verträgt.

Innovationsträchtiges Experimentieren, Trial and Error, braucht, kurz gesagt, seinen Raum: Einen in gewisser Hinsicht geschützten Raum, der andererseits auch das Umfeld schützt – der dafür sorgt, dass das Experimentieren mit seinen Fehlschlägen et cetera nicht direkt aufs Unternehmenswohl durchschlägt, nicht zur Existenzbedrohung wird. Einen solchen Schutzraum im doppelten Sinne bietet beispielsweise die sogenannte Sandbox. Das Konzept ist ein Import beziehungsweise Transfer aus der Informatik: Programme starten beziehungsweise laufen in einer Sandbox, einem »Sandkasten«, wenn eine gewisse Isolierung vom laufenden Betriebssystem zweckmäßig ist. Dieses Prinzip findet sich auf organisationaler Ebene in der Etablierung sogenannter Sandbox-Innovation-Teams wieder: Arbeitseinheiten mit Sonderstatus, außerhalb der üblichen Unternehmenshierarchie. Man richtet quasi ein Labor ein, etwa ein »digital lab«, mit genügend Finanzmitteln und Zeit, um innovativen Impulsen nachzugehen, Produkte zu entwickeln, sie reifen zu lassen – ein Vorgehen, das als Innovationsinkubator gilt.

Oder, eine Alternative zur Sandbox: Man bleibt mit der Innovationsinitiative innerhalb der Unternehmensorganisation, etabliert also keine isolierte Sonderstruktur, sondern macht stattdessen sehr kleine Schritte – the importance of starting small … Auch das ist eine Möglichkeit, das aus experimentellen Fehlschlägen drohende Risiko gering zu halten: immer wieder kleinere Initiativen, etwa Digitalinitiativen, zu starten; dabei beharrlich zu prüfen, was funktioniert (und was nicht). Erfolgreiche Initiativen können schließlich ausgeweitet, mit den entsprechenden Ressourcen ausgestattet, und schließlich, bestenfalls, ins Kerngeschäft integriert werden (Reeves et al. 2015).

Lernen können und dürfen ...

Der einzelne Mitarbeiter, die Führungsetage, und das gesamte Unternehmen brauchen, um aus und mit Fehlern zu lernen, vor allem die Bereitschaft und die Möglichkeit dazu. Auf der Ebene der Unternehmensorganisation bedeutet das: lernaffine Strukturen.

Lernen ist ein aktives Geschehen. Es lässt sich kaum von oben anordnen; es lässt sich anstoßen, ermöglichen. Unternehmensseitig gilt vor allem: die Bedingungen dafür zu schaffen. Eine Form des Projektmanagements, die in diese Richtung geht, ist etwa Scrum. Diese aus der Softwareentwicklung kommende Methode baut wie schon erläutert auf Selbstorganisation in Teams, auf iterative Schleifen von »build – measure – lern«, statt etwa auf abstrakte, vorgelagerte Klärungsphasen.

Lernen ist nicht trennbar von der Unternehmens- oder zumindest, bei größeren Unternehmen, der Abteilungskultur. Berührt werden Fragen des Umgangs mit Verantwortung, etwa Ergebnisverantwortung: Wenn Mitarbeiter beispielsweise nur tun, was Vorgesetzte von ihnen verlangen oder Kollegen ebenfalls tun, so versuchen sie sich auf diese Weise einer Verantwortung für eine Kostenexplosion oder ein Scheitern zu entziehen. Sie sind nur an der Beschränkung eigener Risiken oder, im besten Falle, deren Outsourcing interessiert ... – doch solch ein Verhalten ist in Bezug auf Lernen kontraproduktiv.

Lernen ist ein Geschehen, das im Normalfall ein gewisses, lernfreundliches Milieu braucht. Denn werden Fehler nicht totgeschwiegen, ignoriert, unter den Teppich gekehrt, sondern betrachtet und benannt – weil sich nur so aus ihnen lernen lässt –, kann das für einzelne Mitarbeiter oder Abteilungen bedrohlich sein; Reputationsverluste werden gefürchtet und Ähnliches. Dynamiken wie diese können Lernbereitschaft signifikant unterminieren.

Die Washington Post hat solche Lernbereitschaft in Bezug auf ihren »Output« bereits zum Prinzip gemacht. Als Zeitung gebiert sie jeden Tag Neues: neue Artikel, neue Essays, neue Geschichten. Lernbereitschaft bedeutet hier, nicht den eigenen Text oder die eigene Überschrift für ausgezeichnet halten, sondern den Leser entscheiden lassen. So muss bei der Washington Post jeder Redakteur für seine Story mindestens vier verschiedene Überschriften liefern. Automatisiert wird dann diejenige ausgewählt, die auf der Internet-Plattform der Zeitung die meisten Klicks auf sich vereinen konnte. Außerdem testen freiwillige Leser anonymisierte Texte, Videos und Audiodateien – sowohl der eigenen Webseite als auch der Konkurrenz. Daraus werden Rückschlüsse gezogen, wie Geschichten noch attraktiver verkauft werden können (Jensen 2016). Solches split-testing eines schnellen und vielfältigen Variierens ist in digitalen Angeboten besonders leicht umsetzbar; daher sollte es dort auch verwendet werden. Dennoch ist es auch – insbesondere für alteingesessene Redakteure – eine deutliche Neuerung. Und nicht nur die Älteren stimmen vermutlich mit mir überein, dass es durchaus fraglich ist, inwieweit ein Popularitätswettbewerb vorschreiben darf, was zu denken oder zu schreiben ist.

Im Grundsatz gilt wohl: Eine gute Lern- und Fehlerkultur ist schwerlich unabhängig von einer guten Unternehmenskultur zu haben.

Und das Positive?

Kuschelkohorten von Trainern und Beratern lobpreisen es: das positive Denken. Man solle, heißt es, nicht auf die Fehler schauen, sondern auf das Gelungene. Im Positiven seien größere Lerneffekte verborgen als im Negativen, und so weiter … Grundsätzlich ist dieser Ansatz sicherlich naheliegend – gerade als Gegenmoment zu all jenen Lebensbereichen, in denen Fehlerorientierung der Standard ist, wie beispielsweise die Schule. Da kann ein wohliger Kuschelkurs durchaus sinnhafter Ausgleich sein. Aber: Der Wert, den unsere Fehler für uns haben, ist enorm. Wer schon mal Radfahren gelernt hat, weiß: Aus einem Sturz hat er mehr begriffen als aus fünfzig Stunden sturzfreiem Fahren. Und denken wir beispielsweise ans Laufenler-

Jeder macht Fehler! Also: Aufstehen, Krone richten, weiterlaufen.

nen des Kleinkindes, dann wird eine Pointe deutlich: Das Wesentliche ist nicht zuletzt die elementare und in dieser Phase häufige und existenzielle Erfahrung: Hinfallen ist nicht wirklich tragisch ... Aufstehen, Krone richten, weiterlaufen – das geht!

Resümee: Neues ist nicht perfekt – und das ist auch gut so. Build, measure, learn – bauen, messen, lernen. Oder: Lean-Start-up. Oder: Sandbox und Digital labs. Oder Scrum. Bloß einige wenige von unendlich vielen Optionen, sich und seinem Unternehmen das Lernen leicht zu machen. Und darum geht es.

Maxime 4: Vereinfache

»Wenn Sie einen Scheißprozess digitalisieren, dann haben Sie einen scheiß digitalen Prozess.«

Thorsten Dirks (*1963); deutscher Manager

Im Jahr 2003 veröffentlichte Nicolas Carr den Artikel »IT Doesn't Matter« (Carr 2003): Er ging darin davon aus, durch den IT-Einsatz in Unternehmen seien künftig keine Wettbewerbsvorteile mehr zu erwarten. Carrs Thesen wurden vielfach diskutiert; insbesondere die Wahrnehmung, dass IT eine »commodity« – ein Gebrauchsgut – werde, wie Strom aus der Steckdose, beliebig nutz- und abrufbar, wurde kritisch diskutiert. Aus Carrs Sicht ist eine Ressource nur dann von strategischer Bedeutung, wenn sie knapp ist. Heute, vierzehn Jahre später, ist klar: Carrs Thesen waren zwar in ihrer provozierenden Tragweite falsch. Aber womit er recht behalten hat, ist die Einschätzung, dass IT-Systeme mittlerweile von nahezu jedem (Unternehmen) angewendet und bezogen werden können – in frei definierbarem Leistungsumfang. Nahezu kein Leistungsbereich der IT – von Big-Data über CRM-Systeme bis zum vollautomatischen Lager – ist mehr nur Großunternehmen vorbehalten – Applikationen und Tools aller Couleur lassen sich ebenso gut von einem mittelständischen Unternehmen im Allgäu wie von Großunternehmen im Silicon Valley nutzen.

Der Grundgedanke hinter Carrs Argumentation ist es wert, einmal auf die generelle Situation von Unternehmen übertragen zu werden. Denn gerade im Unternehmensalltag – in Geschäftsprozessen – ist vieles an sich kaum mehr sinnhaft: Es sind keine genuin wertschöpfungsförderlichen Effekte mehr daraus erwartbar. Manches ist eben – wenn man den Blick über den eigenen Unternehmenstellerrand hinausbewegt – ökonomisch zu einer »commodity« verkommen. Wobei die Frage ist: Was ist damit zu tun?

Identifiziere Nicht-Wertschöpfung

Zunächst einmal kann es ein erhellender Zugang sein, sämtliche Tätigkeiten und Prozesse einer Organisation genau auf den Prüfstand zu stellen und durch eine geeignete Analyse zu identifizieren, ob diese direkt oder indirekt der Kernleistung des Unternehmens und damit auch der unternehmerischen Wertschöpfung dienen. Das Ergebnis ist zuweilen überraschend – und resultiert dann in die Frage, wie »unnötige« oder gar »unsinnige« Prozesse, bezogen auf das Unternehmensziel, überhaupt entstehen konnten.

Meist geschah das relativ am Anfang. Ein typisches Szenario: erste Wachstumsschritte des Unternehmens, nachdem die grundsätzliche Existenz gesichert ist und die Gewinne mehr oder weniger vorhersehbar werden. Zu diesem Zeitpunkt besteht oft erstmals die Chance, bürokratische Abläufe in die Organisation einzufügen und Strategien zur Gewinnmaximierung oder Marktsicherung zu entwickeln. Kurz: Neue Funktionen und/oder Prozesse halten Einzug. Einwände, dass diese zwar bis dato nicht benötigt wurden und insofern möglicherweise entbehrlich seien, werden oft mit dem Argument abgetan, »man sei jetzt in der Größe« dafür. Langsam ändern sich dann die Dinge: Zumeist ohne es zu merken, verliert das Unternehmen – insbesondere in diesen neu geschaffenen Funktionen und Prozessen – allmählich den Kontakt zu seinen Kunden. Immer weniger Aktivitäten dienen unmittelbar dem Kerngeschäft. Innere Abläufe werden wichtiger als das, was sich außerhalb der Unternehmensgrenzen abspielt. Es ist ein schleichender Prozess, und er kann existenzbedrohend weit gehen. In der Überzeugung, der Wettbewerbsvorteil sei ohnehin sicher, überlassen die Führungskräfte der unternehmenseigenen Bürokratie und den dort zwischenzeitlich sesshaft gewordenen Bürokraten das Ruder. Die Folge: Entscheidungsprozesse erstarren in verkrusteten Strukturen.

Zook und Allen schlagen für diese Situation vor: Abschaffung leistungsschwacher Abteilungen; Vereinfachung komplexer Abläufe und damit Eliminierung unnötiger Mehrkosten; Meidung aller Tätigkeiten, die nicht unmittelbar zur Wertschöpfung beitragen. Ziel ist die Optimierung sowohl der internen als auch externen Prozesse hinsichtlich Qualität, Preis, Verfügbarkeit und Individualität. Das kann so weit gehen, dass Führungskräfte kein eigenes Büro mehr haben, sondern es verlassen, um im Rahmen direkter Kontakte zu erfahren, was sich im Markt abspielt und was Kunden bewegt. So kann einerseits überflüssige Bürokratie eliminiert werden und andererseits eröffnet es Chancen auf Neubelebung der Unternehmensmission und damit Re-Etablierung des kompromisslosen Kundenfokus im Unternehmen (Zook/Allen 2016). Helfen kann, sich zunächst die erwünschten Ergebnisse unternehmerischen Handelns, die ergebnisbestimmenden Faktoren und ihre wichtigen Indikatoren zu vergegenwärtigen und die dazu notwendigen Arbeitsabläufe zu identifizieren (Gunther McGrath 2016). Ziel dieses Vorgehens ist, Klarheit darüber zu erlangen, was für das Unternehmen essenziell und was »unnötige Begleitmusik« ist.

Analog vor digital!

Dass die Digitalisierung für Unternehmen erstens zu einer Vereinfachung führen und zweitens Effizienzoptionen bieten kann – diese Einschätzung wird nun niemanden wirklich verblüffen. Dass allerdings als Bedingung eine Vereinfachung und Fokussierung der analogen Prozesse im Unternehmen vorangeht – diese Erkenntnis kann überraschen.

Ja: Vereinfachung und Fokussierung sollte der Digitalisierung in Unternehmen vorausgehen. Denn wer einen schlechten – umständlichen, verzwickten, unzweckmäßigen, aufgeblasenen, wenig zielgerichteten – Prozess digitalisiert, der erhält im Endeffekt nichts Besseres. Im Gegenteil besteht die Gefahr, dass das Ganze im Ergebnis noch schlechter funktioniert als zuvor. Digitalisierung kann unter anderem bedeuten: Potenzierung des Dysfunktionalen, Aufgeblähten. Ein Beispiel: Wenn Unternehmen wachsen, wird traditionell auch die Administration größer – und damit Prozesse komplizierter. Unternehmen tappen in die sprichwörtliche Bürokratiefalle – etwas, das Unternehmen nicht nur träge und undurchsichtig machen, sondern mit Blick auf die digitale Transformation auch erfolgsmindernd sein kann. Dagegen hilft dann auch keine IT-Technik und alle Digitalisierungsbestrebungen laufen ins Leere.

Was hier mit Vereinfachung gemeint ist, kann, wie Hoffmeister und von Borcke bildhaft ausführen, mit dem Prozess der Entwicklung einer Vorlage für das – insbesondere bei Hobby-Künstlern – beliebte »Malen nach Zahlen« verglichen werden. Dabei werden in der Entwicklung alle Elemente eines Bildes abstrahiert, formalisiert, nummeriert; aus einer individuellen (singulären) Fähigkeit des Malens wird damit eine einfache, selbst für Laien reproduzierbare Leistung (Hoffmeister/von Borcke 2015). Dasselbe geschieht auch bei der digitalen Transformation: Tätigkeiten werden soweit abstrahiert und zerlegt, bis sie leicht auch digital abgebildet – und möglicherweise ohne menschliches Zutun – erledigt werden können. – Das Schwierige ist nicht die Digitalisierung an sich. Das Schwierige ist die Vereinfachung von Strukturen und Prozessen.

Um das noch einmal zu unterstreichen: Digitalisierung bedeutet nicht lediglich, eine (weitere) neue Technologie einzuführen oder ein neues prestigeträchtiges Großprojekt zu starten, sondern ist verbunden mit Umdenken und der Initiierung von Gewohnheitsänderungen. Vereinfachen heißt: Fokussieren, Konzentrieren – und an vielen Punkten eben auch, »Nein« zu sagen. Mit Steve Jobs gesprochen: »People think focus means

Ein komplizierter Prozess bleibt einfach kompliziert zu digitalisieren.

saying yes to the thing you've got to focus on. But that's not what it means at all. It means saying no to the hundred other good ideas that there are. You have to pick carefully. I'm actually as proud of the things we haven't done as the things I have done. Innovation is saying no to 1.000 things.«

Die Grundausrichtung wird am Beispiel digitaler Marktführer sichtbar: Es gilt, alle unternehmerische Energie – ähnlich einem Laserstrahl – in die Kernkompetenz(en) des Unternehmens zu stecken. Für andere Bereiche sind Spezialisten einzusetzen, deren Kernkompetenz der jeweiligen Tätigkeit entspricht. Dieses Vorgehen vereinfacht nicht nur die Strukturen im eigenen Unternehmen, es empfiehlt sich auch aus einem weiteren Grund: So partizipiert das eigene Unternehmen an den Innovationsschüben dieser Spezialisten. Wer digital mitspielen möchte, darf sich nicht erlauben, alles selbst zu erfinden, sondern er ist gut beraten, auf das aufzusetzen, was andere bereits entwickelt haben (Weinreich 2016). Was bleibt, ist die schwierige und notwendige Ermittlung der Kernelemente der eigenen Leistungserbringung im Unternehmen. Erste Klarheit kann die Überlegung bringen, ob ein Leistungsteil – der von einem anderen ebenso gut erbringbar ist – insoweit in der eigenen Leistung aufgeht, dass ein Kunde nicht erkennen kann, von welchem der Beteiligten sie erbracht wurde. Wenn dem so ist, dann sollte dieser Leistungsbestandteil an den Spezialisten ausgelagert werden, dessen Kernkompetenz der jeweiligen Tätigkeit entspricht.

»Best-of-Breed«-Lösungen

Auf das aufzusetzen, was andere bereits entwickelt haben: Für die IT-Systeme im Unternehmen bedeutet das beispielsweise, maximale Prozesseffizienz durch Orchestrierung mittels Best-of-Breed-Lösungen – also durch Nutzung der jeweils besten am Markt erhältlichen, etwa auf Plattformen bereitgestellten IT-Lösung, Software oder Hardware, in Kombination mit anderen. Die historisch komplexen Schnittstellenprobleme, die es traditionellerweise zu vermeiden galt, lassen sich durch inzwischen ubiquitär verfügbare Technologien leicht überwinden – dank etablierter Datenaustauschstandards. Gerade wenn die Kombination verschiedener Lösungen auf ein angemessenes Maß beschränkt bleibt, wird damit der Vorteil einer Teilhabe an den individuellen Innovationsschüben in den jeweiligen Arbeitsdomänen der Anbieter realisiert.

Speziell im Software-Einsatz werden oftmals noch Vorbehalte sorgsam gehegt, die aus den 1990er-Jahren rühren: Eine Standardsoftware bilde die individuelle Leistungsstärke von Organisationen unzureichend ab. Doch wenn keine Exoten zum Einsatz kommen, sondern die Auswahl Ergebnis guter Analyse ist, ist es eher umgekehrt: Die Software kann – sofern nicht durch die nachträgliche Implementierung individueller »Befindlichkeiten« verwirkt – deutliche Prozessvereinfachungen und Arbeitserleichterungen bringen. Grundsätzlich ist es mittlerweile meistenteils günstiger, Unternehmensprozesse an die Software anzupassen, als umgekehrt eine Software entsprechend der Unternehmensbedürfnisse zu individualisieren (mit dem möglichen Resultat suboptimaler Prozesse).

Für den Fall, dass Kernleistungsbereiche des Unternehmens mit am Markt befindlichen Softwarelösungen nicht abdeckbar sind, sollten nicht diese Lösungen angepasst, sondern eine mit Interoperabilität ausgestattete Individuallösung geschaffen werden, mit dem Resultat der Thesaurierung der entsprechenden Wettbewerbsvorteile im Unternehmen. Im Zuge dieses Vorgehens ist es allerdings erforderlich, dass sich IT-Abteilungen in Unternehmen wandeln. Klassische Aufgaben wie die Installation, Administration und Wartung von IT-Systemen fallen zunehmend weg. Stattdessen werden neue Aufgaben wie die Auswahl, Überwachung und das Management von Cloud-Services hinzukommen. Dies bedingt allerdings eine Weiterentwicklung in den IT-Abteilungen und eine Ausprägung anderer Fähigkeiten bei den Mitarbeitenden als bislang (Pauly 2016).

Vereinfache, reduziere, fokussiere

Bei der Vereinfachung handelt es sich nicht etwa um einen einmaligen Prozess – es geht wie bei vielem auch hier um eine grundsätzliche, eine Denkhaltung. Führungskräfte sind gefordert, im Sinne einer Vereinfachung ständig nach entsprechenden Potenzialen zu suchen – gerade bei internen Prozessen. Und bevor die Frage angegangen wird: Wie digitalisieren wir diesen Prozess?, lohnt stets die Überlegung: Ist dieser Prozess in seiner analogen Form optimal: so funktional, rational, durchdacht wie möglich? Um es noch einmal zu unterstreichen: Die Überprüfung, Vereinfachung, Fokussierung der Unternehmensprozesse geht idealiter ihrer Digitalisierung voraus.

Wurde ein Prozess auf Wesentliches zurückgeführt, also vereinfacht, so besteht beispielsweise die Option, ihn vollständig von digitalen Werkzeugen übernehmen zu lassen. So ist beispielsweise für die Eröffnung eines Bankkontos kein operativer menschlicher Eingriff mehr notwendig; die Abfrage unterschiedlicher Datenbanken und die daraus folgende Entscheidung auf Datenbasis können von einem Computer mindestens ebenso gut erledigt werden – ein Beispiel von vielen dafür, wie konsequente Vereinfachung im Rahmen der digitalen Transformation auch einen Hebel für Effizienzsteigerungen in Unternehmen darstellen kann. So umgesetzt, vermag die Digitalisierung zu Produktivitätsfortschritten führen – eine Entwicklung, als deren mögliche konkrete gesamtwirtschaftliche Folge beispielsweise gar eine Rückverlagerung von Produktionen nach Europa diskutiert wird (Matzler et al. 2016).

Ich weiß: Die Forderung, die Dinge zu vereinfachen, ist heute eine Art Universalparole. Zahllose Berater, Coaches, Trainer fordern es: »Komplexität reduzieren ...«, »Kompliziertes einfach machen ...« – was aber eben nicht alles dasselbe ist. Um den Unterschied zwischen Kompliziertheit und Komplexität sehr schlicht und einfach kurz zu skizzieren: Fußball ist ein kompliziertes Spiel – es gibt zig Regeln, die zu beachten sind. Aber mit dem nötigen Wissen ist diese Kompliziertheit »beherrschbar«. Und wenn man am Wochenende mal mit den Nachbarn einfach so auf dem Rasenplatz kickt, kann man das Regelwerk auch prima vereinfachen; geht auch! Das Spiel selbst indes, wenn man es spielt, ist komplex: Es ist dynamisch und es gibt Wechselwirkungen der Spieler einer Mannschaft untereinander, der beiden Mannschaften auf dem Feld und ebenso auch Wechselwirkungen mit den Menschen außerhalb des Spielfeldes. Auch wenn man die Kompliziertheit durchdrungen hat, heißt das noch nicht, dass man die Komplexität, also das Spiel beherrscht; der Ausgang ist – außer für Gary Lineker (»Fußball ist ein einfaches Spiel: zweiundzwanzig Männer jagen neunzig Minuten lang einem Ball nach, und am Ende gewinnen immer die Deutschen«) – nicht vorhersehbar.

Prinzipiell gilt es, anzuerkennen: Unsere (digitale) Welt ist von einer grundsätzlichen Komplexität geprägt, die von uns nicht etwa einfach getilgt werden kann, sondern als Realität wahrgenommen werden will. Eine komplexe Welt, in der wir erfolgreich agieren wollen; und genau dabei hilft es ungemein, sich selbst, intern, aufs Wesentliche zu konzentrieren und zu fokussieren – durch Ordnen und Weglassen und damit schlicht: Vereinfachen.

Resümee: Die digitale Transformation lehrt, fordert und ermöglicht es: das eigene Business Effizienz steigernd zu vereinfachen und auf die Kernleistungen zu reduzieren. Anders gesagt: alle unternehmerische Energie – ähnlich einem Laserstrahl – in die eigene(n) Kernkompetenz(en) zu stecken, und für das andere Spezialisten einzusetzen.

Maxime 5: Nimm deine Sprache ernst

»Our real challenge is not mastery of a new medium, but making sure we have something worth saying.«

Geoff Mead (*1949); Leadership Consultant

Sprache im Wandel? Sprache in der Zange!

Die Schriftsprache wird derzeit, so die Diagnose der Sprachwissenschaftler, gleichzeitig von zwei Seiten in die Zange genommen. Zum einen weicht sie zunehmend der visualisierten Kommunikation: Mehr und mehr werden Sachverhalte in der Welt nicht sprachlich vermittelt, sondern via Bild beziehungsweise bewegtes Bild. Zum anderen wird sie quasi in Richtung Sprechsprache gewendet: Internet- und mobilfunkbasierte Kommunikation sei, so lautet der entsprechende Befund, quasi emulierte Mündlichkeit. Chatten, WhatsApp und Ähnliches kämen zwar schriftlich daher, seien aber ihrer Konzeption nach eigentlich orale Kommunikation (Schlobinski 2005). Anders gesagt: Wenn Menschen heute schriftlich kommunizieren, meinen sie ganz oft eigentlich gar nicht die Schriftsprache Deutsch, sondern etwas Anderes. Das ist ein sprachwissenschaftlicher Befund, der mir persönlich durchaus einiges erklärt oder zumindest plausibilisiert – und zwar meinen Eindruck: Sprache sei für viele mit fortschreitender Digitalisierung zu einem »misslich Ding« verkommen.

Tatsächlich ist diese doppelte Bedrängnis, der unsere Schriftsprache offenbar zunehmend ausgesetzt ist, am Smartphone quasi sichtbar gemacht: Es ist wesentlich unaufwendiger, mit dem Smartphone ein Foto oder ein Video zu machen und das per Messenger, WhatsApp zumeist, zu versenden, als einen halbwegs grammatisch und orthografisch korrekten längeren Text in sogenannter Standardschriftsprache zu schreiben. Das gibt die Smartphone-Tastatur nicht wirklich gut her. Das Display, das Tippen, das sperrig-aufwendige Handhaben der Shift-Taste, die vergleichsweise Unzugänglichkeit von randständigeren Schriftzeichen wie Sonderzeichen,

Satzzeichen et cetera; all das lässt Schriftsprache auf dem Smartphone gleichsam schon allein hardware-bedingt – zumindest etwa im Vergleich zum PC – degenerieren. Oder eben, folgt man der sprachwissenschaftlichen Sicht, re-naturalisieren: Chatten – Urmodell schriftbasierter Echtzeit-Kommunikation – und in der Nachfolge auch Messaging, wie SMS und WhatsApp, als emulierte Mündlichkeit zu betrachten – das hat etwas Einleuchtendes und, ja, auch Versöhnliches, für jemanden wie mich, der diese Kanäle in Bezug auf Sprache eher auch als abträglich wahrnimmt. Da verarmt so viel, da geht so viel verloren an sprachlichem Reichtum – das ist häufig mein Eindruck.

Schreiben – und Schreiben$_M$

Vielleicht hilft an dem Punkt Differenzierung tatsächlich weiter: Chatten, SMS, WhatsApp und Ähnliches als schriftbasierte Echtzeitkommunikation und »emulierte Mündlichkeit« zu betrachten, und demgegenüber andere Formen von Schriftsprache – E-Mail beispielsweise, die ich für geschäftliche Kontakte nutze – tatsächlich eher als schriftsprachliche Kommunikation im eigentlichen Sinn ernst zu nehmen. Das ist selbstverständlich lediglich ein Orientierungsversuch: Eine klare Grenze verläuft hier nirgends. Doch als Orientierung taugt diese Unterscheidung – zwischen Schreiben als Versuch der tatsächlich im klassischen Sinne schriftsprachlichen Kommunikation und, ich nenne es jetzt der Klarheit halber einmal Schreiben$_M$, für jenes Chatten, SMS- und WhatsApp-Schreiben, das Mündlichkeit emuliert.

Schreiben$_M$ ist das neue Sprechen

Schreiben$_M$ ist das neue Sprechen, könnte man also sagen. Und viele Menschen ziehen es ja dem tatsächlichen Sprechen vor: privat und auch beruflich. Selbst Leute im selben Großraumbüro chatten zuweilen eher per Slak, als sich anzurufen oder gar den Schreibtisch des anderen zur Live-Kommunikation aufzusuchen.

Schreiben$_M$ ist also, gewissermaßen, das neue Reden – ist, Gesprächssur-rogat; und all die kleinen Bildchen, Smileys, Emojis – sie simulieren oder emulieren dann eben die Mimik und Gestik, mit der wir Menschen einander normalerweise im Gespräch so vieles mitteilen, dass wir gerade nicht in Worte fassen können oder wollen. Schreiben$_M$ – welches ich übrigens für mich persönlich kaum hilfreich finde: Statt emulierter Mündlichkeit ziehe ich, wie vielleicht noch viele meiner Generation, die tatsächliche Münd-lichkeit vor. In einem dreiminütigen Telefongespräch lässt sich locker alles klären, wofür mancher via WhatsApp drei Stunden benötigt ...

Ich weiß es ja: Die Sprache hat sich schon immer mit der Welt gewan-delt, ist schon immer der Entwicklung von Kulturtechniken unterworfen gewesen. Und nun wird also die Schriftsprache eben von zwei Seiten in die Zange genommen. Oder, eigentlich zähle ich mindestens drei Seiten. Hinzu kommt definitiv noch die Boulevardisierung. Boulevardisierung? Überspitzt gesagt, bedeutet sie: Möglichst grob geschnitzter sprachlicher Ausdruck für möglichst grob geschnitzte Inhalte, insbesondere möglichst emotionalisiert, auch das möglichst simpel. Was früher beispielsweise vor allem die Tageszeitung mit den vier großen Buchstaben kennzeichnete an sprachlich-semantischer Zumutung, erwartet mich heute, gefühlt, nahezu allenthalben.

Achtung, Ärger!

Kommunikation ist elementarer Bestandteil unseres Daseins als Menschen: Wir sind zutiefst soziale Wesen. Der technische Fortschritt und insbesonde-re die Digitalisierung gehen nun mit einer Fülle an Möglichkeiten einher: Nie zuvor gab es so viele verschiedene Optionen der Kontaktaufnahme, Kontaktpflege. Nie zuvor konnten Menschen einfacher und umfassen-der miteinander – schriftlich, mündlich, visuell – kommunizieren. Und es wird viel kommuniziert: Im Privatleben boomt Chatten und vor allem Messaging, etwa WhatsApp; und im Unternehmenskontext ist E-Mail der Kanal der Wahl: Nach Erhebungen der Gesellschaft für Konsumforschung (GfK) schreibt ein durchschnittlicher Büroarbeitnehmer sechshundert

E-Mails pro Monat – und empfängt beziehungsweise erhält sicher mindestens ebenso viele.

Sprache hat hier von jeher für uns Menschen, in unserer Kommunikativität, eine ganz entscheidende Rolle gespielt: nicht nur für die Verständigung mit den anderen, sondern auch als Medium der Selbstverständigung. Sie ist das Mittel der Abstraktion, und so unter anderem auch der Kanal, das Medium des Denkens. Und nicht nur Kanal und Medium, sondern auch Motor. Wer sich in das Unterfangen vertieft, seine Überlegungen zu einem bestimmten Sachverhalt schriftlich festzuhalten, sie so einem Gegenüber, einem Adressaten darzulegen, macht die Erfahrung: Hier passiert etwas im eigenen Kopf. Das Schreiben fördert das Denken, und umgekehrt – Schreibdenken. In diesem Sinne kann Schreiben – und das ist das Wunderbare daran – Verständigung in einem ganz umfassenden Sinne sein: Selbstverständigung und Verständigung mit einem Gegenüber.

Allerdings – Achtung, es folgt eine Autor-macht-seinem-Ärger-Luft-Etappe – droht diese Verständigung mehr und mehr auf der Strecke zu bleiben. An wirklich schlechten Tagen vermitteln mir meine E-Mails vor allem einen Eindruck: Die sprachliche Ausdrucksfähigkeit verringert sich gleichsam mit Lichtgeschwindigkeit – befindet sich offenbar quasi im freien Fall. Sich klar und verständlich zu artikulieren, scheint zunehmend schwerer zu fallen. Ein grassierendes Defizit, allerdings ohne Leidensdruck, zumindest nicht aufseiten der Verfasser. Denn: Es sind jeweils die anderen »zu doof, um zu verstehen«. Und die Vulgarisierung von Sprache kommt sicher manch sprachlichem Kleingeist gerade Recht. Denn sprachliche Beschränktheit wirkt heute management like und wird durch abgehackte, substantivierte und mehrdeutig auslegbare Botschaften vermittelt. Allesamt von den Rezipienten – aus Sorge vor einem Antiquiertheitsvorwurf – unkommentiert akzeptiert. So beiläufig, wie schriftlich kommuniziert wird, wird en passant brüskiert, vor den Kopf gestoßen, irritiert, gekränkt. En passant, en masse. Das Missverständnis-, Ärger-, Konfliktpotenzial von E-Mails ist, das wissen wir alle, enorm.

Je rasanter die Kommunikation, desto mehr bleibt die Klarheit auf der Strecke.

Jede Kommunikation – unabhängig vom Übertragungsweg – ist unter anderem auch ein Beziehungsgeschehen. Grundsätzlich unterscheidet die Kommunikationsforschung beispielsweise zwischen Beziehungs- und Sachaspekt. Und beides erfährt im schriftsprachlichen Modus, etwa der – von mir in meinem Ärger just fokussierten – geschäftlichen Mail, nur noch bedingt Würdigung. Da wäre zunächst der Beziehungsaspekt: Die bedachte Ansprache, in der Wertschätzung, Respekt, eben all das mitschwingt, was etwa zu einem guten geschäftlichen Austausch gehört, die vermisse ich. Stattdessen erhalte ich, im Verbund mit schludrig-schnoddrigem Mail-Text, Signale wie: »… bin grad im Stress …«, »… schreibe von unterwegs, viel zu tun …« – Signale, die klarmachen: wie unheimlich beschäftigt und »auf dem Sprung« der Absender gerade ist. »Bin im Stress, weil busy, weil gut im Geschäft« – das will hier signalisiert werden, und zwar als Standard-Entschuldigung für hin- beziehungsweise rausgehauene Mails. Tatsächlich aber sind diese Bin-grad-im-Stress-Mails genau das Gegenteil: kein Ausweis geschäftlichen Fleißes, geschweige denn Erfolgs, sondern Armutszeugnis, und das in mehrfacher Hinsicht. Und wenn dann als alternative Generalbegründung nachgeliefert wird, man konzentriere sich halt auf das Wesentliche, nämlich die zu kommunizierenden Informationen … Dann bleibt indes festzustellen: Selbst die bloße Kommunikation von Inhalten, also die pure Informationsvermittlung – der sogenannte Sachaspekt – bleibt dabei auf der Strecke. Denn dazu braucht es zumindest, jenseits aller Höflichkeitsformen und grammatikalischen, syntaktischen oder orthografischen Sprachanforderungen, die gedankliche Klarheit. Wo es an allem fehlt, sind Misshelligkeiten, auf der Sach- wie auf der Beziehungsebene – vorprogrammiert.

Die sprachliche Degeneration verschränkt sich hier, könnte man sagen, fatal mit anderen unseligen Entwicklungen. Business-Jargon: Phrasendrescherei, Dampfplauderei, verarmte Sprache – Hauptsache, sie kommt cool rüber …, wobei sich die Coolness dann überwiegend in inhaltsleer verschleiernden Phrasen – »… wir sind noch in einem Abstimmungsprozess« – und entpersönlichter Vereinheitlichung, gepaart mit akronymisiert sprachlich-grammatikalischen Fehlleistungen erschöpft. Glattpolierter Business-Jargon … Wie erfreulich doch für so manchen Normbürokraten (Synonym für »aufstiegserprobte Führungskraft«), sich im Karriereverlauf schließlich und endlich das notwendige Vokabular – Phrasen, Universalworte – angeeignet zu haben: eine Entwicklung, die eine gute, individuelle und inhaltsreiche Kommunikation auf die Liste jener next steps auslagert, zu der er aufgrund von Prokrastination und »Vielbeschäftigkeit« eh nicht mehr kommt.

In den 1990er-Jahren gab es diesen Cartoon. Zwei Hunde: der eine, offenbar begeistert-technikaffin, sitzt am Schreibtisch, vor sich PC und Tastatur – ohne Webcam –, und vielleicht chattet er gerade. Jedenfalls sagt er, ersichtlich enthusiastisch, zu dem zweiten Hund, der auf dem Boden neben dem Schreibtisch hockt und fragend hochschaut: »On the internet, nobody knows, that you are a dog …« Der Cartoon stammt aus der Frühzeit der Digitalisierung und birgt heute noch viel mehr Wahrheit: Je vielfältiger die digitalen Kommunikationskanäle – desto größer die mögliche Kluft zwischen tatsächlichem Gegenüber und Präsentiertem beziehungsweise Präsentierendem. Sei es Copy-and-paste, ein Redenschreiber oder Ghostwriting. Dass die tatsächliche Kompetenz des Präsentierenden hinter dem Präsentierten – Gesagten, Geschriebenen, Geschriebenen$_M$ – deutlich zurückbleibt, ist eine Enttäuschungserfahrung, mit der man mehr und mehr rechnen muss. »On the internet, nobody knows, that you are a dog …«

Das Schwierige daran

Und doch mache ich die Erfahrung: Sprache zählt. Wenn ich mich hinsetze und meine E-Mails wirklich schreibe – also quasi mein Denken und mein Mit-dem-Gegenüber-Kommunizieren über meine Fingerspitzen und die Tastatur zu Schriftsprache gerinnen lasse – dann erreiche ich damit den anderen, und auch mich selbst. Sogenanntes »Schreibdenken«: wenn man das Schreiben als Denkwerkzeug nutzt. Also nicht etwa glaubt, man müsse zuerst alles durchdacht haben, um es dann aufzuschreiben. Sondern: Denken beim Schreiben, und umgekehrt.

Der geschriebene Text ist die klassische Form der Wissensspeicherung, der Wissensvermittlung und der diskursiven Verhandlung von Wissen. In Texten kann Wissen begründet, hinterfragt und durch Verweise auf andere Texte mit Kontextwissen verknüpft werden. Wobei sich das eben ändert. Durch die Digitalisierung ergeben sich, wie gesagt, auch neue Möglichkeiten der Visualisierung. So ist erwartbar, dass die Schriftsprache auch zukünftig der Darstellung von Vorgängen, Konzepten und dem Diskurs dienen wird. Demgegenüber werden Objekte und Verhältnisse in der Welt wohl überwiegend durch Grafiken und Bilder dargestellt werden (Bayer 2000). Gab's zu meiner Studienzeit in puncto Vortragsgestaltung noch das Bonmot: »Wer mit PowerPoint arbeitet, hat nichts zu sagen ...«, so unterlegt heute schon der zwölfjährige Nachwuchs sein Schulreferat mit entsprechenden Grafiken. Mit einem Bild ist es leichter als mit Text: Ein Bild sagt mehr als tausend Worte.

Auch Schreiben$_M$ – Chat, SMS, Messenger, Telegrammstil-Mail – all diese, ich nenne sie mal subjektiv-despektierlich »Schmalspur-Kommunikation«, fällt in gewisser Hinsicht leichter; deshalb bevorzugen wir sie mehr und mehr. Sie fällt offenbar zum einen zunehmend leichter als das direkte Gespräch – das unmittelbare Miteinander, in dem etwa Emotionen nicht mit Emojis, sondern tatsächlich, schon allein über die Stimme und Tonlage, kommuniziert werden; und in dem auch Zuhören gefragt ist. Denn die Schmalspur-Kommunikation ist auch leichter im Vergleich zur anderen Alternative: Sich hinsetzen und Denkschreiben kann, verglichen mit Schreiben$_M$, zunächst einmal unglaublich schwerfallen. Die eigenen Gedanken klar in Worte zu fassen und schriftlich zu fixieren – schon allein der Anfang ist manchmal das Schwierigste, das man sich gerade vorstellen kann. Hat man diese Hürde genommen, die Anfangsschwierigkeiten ein Stück weit ausgehalten, ist irgendwann »drin« in Denken und Text, kann es sich indes anders anfühlen: gut, klar und vielleicht im Flow.

Solches Denkschreiben mag auch schwierig für uns scheinen – aber für Maschinen ist es noch weitaus schwieriger. Denn die Textentwicklung bildet eine Unterscheidungskompetenz von Mensch und Maschine. So sind Texte wesentlich weniger linear angeordnet, als ihre grafische Repräsentation es zu suggerieren scheint. Bestandteile sind komplex miteinander verknüpft und die Gesamtheit der Verknüpfungen lässt einen Text überhaupt erst als solchen entstehen. Texte sind zudem offen für Interpretationen – ihr Sinn liegt nicht fest; bestenfalls gibt es Auslegetraditionen. Mit all diesen Facetten eines Textes sind Computer überfordert. Insofern verbleibt »richtiger Text« – auch nach der digitalen Transformation – in den Händen des Menschen.

Aber, wie gesagt, manchmal ist solches Denkschreiben – trotz einer attraktiven Aussicht auf den Flow – gleichzeitig eben sehr schwer. »Denken tut weh«, so hat es der Dichter Ödön von Horváth formuliert. »Und es tut gut ...«, dahin geht mein Plädoyer. Medium des Denkens ist die Sprache. Das kann, zusammengefasst, erstens sein: das gute Gespräch mit jemandem, der in unserer von selbstbezogener Beredsamkeit geprägten Umwelt wirklich zuhört. Also nicht den Zuhörer mimt, im Sinne des von vielen zurecht verlachten, in Coaching-Weiterbildungen oder Führungsseminaren vermittelten, blöd-stumpfsinnig anmutenden, unechten, sogenannten aktiven Zuhörens, sondern tatsächlich zuhört: den anderen in seiner Andersartigkeit annimmt, ihm einen Resonanzraum gibt, zum Öffnen seiner Gedanken einlädt. So geht das Hören dem Sprechen voraus. Und es ist zweitens vor allem eben auch die Schriftsprache. Denkschreiben bedeutet: Man begibt sich in sogenannte rekursive Schleifen – gedankliche Reflexion, einen ganz eigenen Resonanzraum. Im Gegensatz dazu steht etwa Schreiben$_M$ für »unmittelbar raushauen« – das hat auch seinen Reiz: Diese Art von Multi-Kanal-quasi-Echtzeit-Kommunikation ist ein wunderbares Geschenk der Digitalisierung, keine Frage. Aber wir tun sicherlich gut daran, es nicht zu einem Danaergeschenk werden zu lassen, indem wir andere Kontakt- und Beziehungsoptionen, die eben überdies Selbstbezüglichkeit – Denken, Schreiben, Schreibdenken – fördern und fordern, verkümmern lassen.

Resümee: Sprache! Einzigartiges menschliches Potenzial: Nicht nur als Medium der Verständigung, sondern gerade auch als Medium der Selbstverständigung heute und künftig vermutlich wertvoller denn je.

Maxime 6: Bilde Antifragilität aus

»Das Unerwartete zu erwarten, verrät einen durchaus modernen Geist.«

Oscar Wilde (1854–1900); irischer Schriftsteller

Unsere Welt ändert sich: wird kleiner, rückt zusammen. Rapider Wandel hin zu mehr, etwa digitaler Vernetzung – das heißt: Gleichgültig, wo auf unserem Globus etwas passiert – die Geschehnisse der gesamten Welt erreichen uns medial; und sie erreichen uns auch tatsächlich, effektiv: beeinflussen unser Leben, unseren Alltag, unser Arbeiten, die Wirtschaft, die Politik, das soziale Miteinander. Unsere Welt ändert sich, wobei das Tempo anzieht, und zur Beschleunigung gesellt sich Ungewissheit. Ein Wandel, der alle Lebensbereiche einbezieht – und angesichts dessen unklar ist, was in zehn, oder fünfzehn oder auch nur in den nächsten zwei Jahren geschieht. Sicherheiten schwinden; was kürzlich noch unverletzbar schien, zeigt heute seine Vulnerabilität: Plötzlich ist Terror auch in Deutschland möglich; ist finanzielle Sicherheit keine Selbstverständlichkeit mehr; und werden weite Bereiche unseres öffentlichen Lebens als sehr zerbrechlich sichtbar. Initiativen, wie beispielsweise der Trend zum urban gardening, blühen nicht nur deshalb auf, weil es chic ist, sich die eigenen Tomaten zu ziehen. Menschen stellen sich ganz neue Fragen: Kommt es zu kriegerischen Auseinandersetzungen auch in Europa? Kann sich unsere Demokratie – oder das, was wir als solche verstehen – noch behaupten? Was wird passieren?

Antifragilität

Den Begriff der Antifragilität hat Nassim Taleb im Jahr 2013 in die Diskussionen um den rapiden Wandel unserer Welt eingebracht. Sein Ausgangsanliegen war, gewissermaßen: sich einen Reim auf die Welt zu machen, beispielsweise auch auf die Wirtschaft, in Zeiten wie heute – Zeiten zunehmender Komplexität, zunehmender Turbulenz, rapide beschleunigenden Wandels. Die Grundannahme Talebs dabei ist nicht neu – sein Fokus ist indes originell, seine Wortneuschöpfung »Antifragilität« für aktuelle Fragestellungen hilfreich und seine Überlegungen gerade mit Blick auf das Thema »Digitalisierung« elementar.

Talebs Grundgedanke: Während die meisten traditionellen Sichtweisen auf unsere Welt, auf unser Tun und Treiben, unsere Pläne, unsere Geschäftsmodelle, von Linearität ausgehen, haben wir es im Zuge des informationswirtschaftlichen Wandels vermehrt mit Nichtlinearität zu tun: Wirtschaftliche Zusammenhänge beispielsweise sind zunehmend nichtlineare Zusammenhänge. Der Unterschied? Linearität meint grob gesagt: Ursache und Wirkung stehen in einem – wie auch immer gestalteten – proportionalen, berechen- und prognostizierbaren Zusammenhang. Demgegenüber meint Nichtlinearität grob gesagt: Eine winzige Ursache kann große Wirkungen haben. Im Gegensatz zu linearen Zusammenhängen, wo Veränderungen und Wirkungen in einem proportionalen, berechenbaren Verhältnis stehen, ist bei Nichtlinearität der Zusammenhang von Ursache und Wirkung unproportional, unberechenbar, unvorhersagbar, kurz: komplexer. Kleine Veränderungen können große Wirkungen haben.

Anders ausgedrückt: Das Problem mit der Nichtlinearität liegt in der Unbestimmtheit, die die große Wirkung bei einer kleinen Ursache nicht zwingend, aber möglich macht. Dabei ist diese Art von Unbestimmbarkeit, Unberechenbarkeit, Unvorhersehbarkeit, nicht etwa einer mangelnden Datenlage geschuldet. Im Gegenteil: Dieser Unsicherheit kommen wir mit Informationen beziehungsweise Wissen nicht bei; sie ist weder menschlicher Unwissenheit geschuldet noch, zumindest nicht in erster Linie, dem

viel zitierten »menschlichen Versagen«. Sondern sie ist schlicht zurückzuführen auf die nichtlineare Struktur der Projekte, Unternehmungen, Sachverhalte, Zusammenhänge.

»Von Menschen gemachte komplexe Systeme haben die Tendenz, nicht
mehr kontrollierbare Reaktionskaskaden und -ketten zu entwickeln, die
jegliche Vorhersehbarkeit herabsetzen, ja eliminieren und ihrerseits gravierende Ereignisse zur Folge haben. Die moderne Welt schreitet also zwar
hinsichtlich des technischen Wissens fort, aber das führt paradoxerweise
dazu, dass alles sehr viel unvorhersehbarer wird.« (Taleb 2014, 26)

Und diese Art von Zusammenhängen, gekennzeichnet durch Unbestimmtheit, Unprognostizierbarkeit, Unberechenbarkeit, mehrt sich. Das ist ein
genuines Kennzeichen des digitalen Wandels – »der Komplexität, der Vernetztheit der Teile, der Globalisierung … Die Welt wird zunehmend unvorhersagbar, und wir verlassen uns mehr und mehr auf Technologien, die
irrtumsbehaftet sind und schwer abzuschätzende Wechselwirkungen her-
vorrufen, ganz zu schweigen davon, dass sie vorhersagbar wären. … Der
Schuldige ist die Informationswirtschaft.« (Taleb 2014, 389)

Zu rechnen ist also, grundsätzlich und zunehmend, mit: Störungen, Turbulenzen, Gefahren, Chaos, dem als extrem unwahrscheinlich Geltenden. In
Taleb'scher Diktion: dem »schwarzen Schwan«.

Unternehmen?

Auch Unternehmen und Organisationen finden sich in diesem Zustand des
Unwägbarkeiten-Ausgesetztseins wieder – bezeichnet auch als »VUCA-Umwelt«. Das Akronym stammt aus dem amerikanischen Militärjargon und
beschreibt die gegenwärtige Umweltsituation in der digitalen Wirtschaft
treffend, als volatil (V = volatility), ungewiss (U = uncertainty), komplex
(C = complexity) und mehrdeutig (A = ambiguity). Eine solche Umwelt
bedeutet: Geschäftsentwicklungen werden immer weniger vorhersehbar
und dementsprechend weniger plan- und prognostizierbar. Es stellen sich

Fragen wie: Werden unsere Produkte noch gebraucht? Wird meine Arbeitsleistung noch benötigt? Oder: Wird es zukünftig noch Autos geben? Womit werden wir bezahlen?

Konkret läuft eine VUCA-Umwelt auf Unternehmensebene hinaus auf: Umdenken in Strategieentwicklungsprozessen.

Deutschland?

Hinsichtlich seiner ökonomischen Entwicklung hat es Deutschland zu Weltruhm gebracht. Es hat eine funktionierende Wirtschaft, ist eine führende Industrienation – lange Jahre Exportweltmeister –, und viele unsere Umwelt prägende Entwicklungen stammen aus unserem Land. Und auch wenn der Export und damit die Welt ein bedeutsamer Faktor war, so gab es doch ein ausgeprägtes lokales Moment – Standort: Deutschland – in der wirtschaftlichen Entwicklung: Ein historisch gewachsenes und geschütztes Wertekorsett, kulturell ausgehandelte konsensuale Zielsetzungen mit der Möglichkeit einer Abschottung gegen »außen«; ökonomische Rahmenbedingungen, Vorgaben und Entwicklungen lagen zu großen Teilen in eigener, sprich deutscher, Hand.

Das ändert sich im Rahmen des aktuellen und künftigen Wandels. Digitalisierung bedeutet, die Welt rückt näher zusammen. Dieses Zusammenrücken manifestiert sich etwa im prominenten Bild des global village: Ein Dorf, in dem jeder jeden kennt, in dessen unmittelbarer Nähe lebt und von den Handlungen der Anderen (direkt) beeinflusst wird – statt kultureller, wirtschaftlicher und räumlicher Distanz nun direkte Nähe und Verbindung. Doch greift dieses Bild inzwischen zu kurz beziehungsweise hinkt der Vergleich. Denn die Ungleichheit und Vielgestaltigkeit in diesem »Dorf« ist – gerade durch die Nähe sichtbar – inzwischen zu groß, als dass der Dorfbegriff noch wirklich gut passen würde. Die Welt ist kein global village, sondern eine global city. Eine Welt-Großstadt – eine Millionenstadt, mit all ihren Problemen und all ihren Chancen, ihrer Fülle. Die ehemaligen global villages sind als Vororte zusammengewachsen.

Das Unerwartete ist das neue Normale

Digitalisierung heißt: sich in der global city wiederfinden. Und im Grunde sind sich viele auf Unternehmerseite auch darüber im Klaren, dass die digitale Wirtschaft dieses Ausmaß an Ungewissem, an Unwägbarkeiten mit sich bringt. Doch ausgesprochen wird es selten. Dabei ist Unsicherheit an sich schon länger ein Thema, auch unabhängig von Fragen der Digitalisierung: Karl Weick beispielsweise hat sich ihm mit einem Fokus auf den Wert unternehmerischer Achtsamkeit und des Strebens nach Flexibilität gewidmet (Weick/Sutcliffe 2003).

Mit Blick auf die digitale Wirtschaft ist dieser Fokus allerdings auszuweiten: Unerwartetes ist kein »Spezialfall« mehr, sondern das neue »Normale«. Neue Wettbewerber treten mit radikal neuen Geschäftsmodellen auf; Kundenbedarfe verändern sich grundlegend aufgrund von Marktsegment-Umbildungen; ganze Branchen ordnen sich neu. Entwicklungen, die in der digitalen Wirtschaft als normal anzusehen sind. Nur sind eben traditionelle Managementpraktiken wenig darauf ausgerichtet. Klassische Handlungsparadigmen gehen hier dahin, derlei Unwägbarkeiten möglichst zu vermeiden oder auszuschließen. Wenn das Unwahrscheinliche, Unerwartete dann eintritt, reagiert man »überrascht«.

Was tun in einer zunehmend fragilen Welt?

Zunächst einmal kann man sich Möglichkeiten des Umgangs mit diesen zunehmenden Unwägbarkeiten anschauen. Taleb differenziert hier mittels der Trias: Fragilität, Robustheit, Antifragilität.

1. Das Fragile ist auf Normalbetrieb, Störungsfreiheit, angewiesen; an Chaos, an schwierigen Umständen, am »schwarzen Schwan«, zerbricht es. Diese Zerbrechlichkeit bezeichnen wir gemeinhin als Fragilität.
2. Dann gibt es als zweite bekannte Möglichkeit die Robustheit: Das Robuste ist auf wenig überhaupt angewiesen – Störungen, Chaos, üble Umstände können ihm nicht viel anhaben. Doch Achtung: Manches auf den ersten Blick robust aussehende, etwa auf Standardisierung

Normal ist das
Unerwartete.

beruhende Vorgehen ist eigentlich bloß starr – und mit Unerwartetem schnell und massiv überfordert; dann stellt sich womöglich heraus: Es ist nicht robust, sondern fragil.

3. Und schließlich gibt es, drittens, das Antifragile. Im Unterschied zum Robusten übersteht es Störungen nicht lediglich unbeschadet, sondern nutzt sie als Wachstumsfaktor,»nährt sich« geradezu am Chaos, wächst an der Unordnung.

Kennzeichnend für das Antifragile ist, was wir oft an lebenden Systemen, Lebewesen, wahrnehmen können: Auf Herausforderungen wird nicht nur durch Kompensation, sondern durch Überkompensation reagiert: Eine intensive Herausforderung, ein intensives Muskeltraining – bis zu einer Maximalbelastung – stärkt den Muskel.

»Einige Dinge profitieren von Erschütterungen; wenn sie instabilen, vom Zufall geprägten, ungeordneten Bedingungen ausgesetzt sind, wachsen und gedeihen sie; sie lieben das Abenteuer, das Risiko und die Ungewissheit. Doch obwohl dieses Phänomen omnipräsent ist, gibt es kein Wort für das genaue Gegenteil von ›fragil‹. Nennen wir es ›antifragil‹. Antifragilität ist mehr als Resilienz oder Robustheit. Das Resiliente, das Widerstandsfähige widersteht Schocks und bleibt sich gleich; das Antifragile wird besser.« (Taleb 2014, 21)

Diese Antifragilität, so Taleb, braucht es zunehmend, heute und künftig. In persönlicher Hinsicht, im Beruflichen – effektiv in allen wesentlichen Lebensbereichen. Denn sämtliche Entwicklungen, denen unsere Welt und wir in ihr ausgesetzt sind und sein werden, gehen in Richtung zunehmender Nichtlinearität und Fragilität.

»Der fragilisierende Effekt der gegenwärtigen Globalisierung lässt sich zweifellos auf Komplexität zurückführen und darauf, dass Vernetztheit und zivilisatorische Ansteckungsprozesse die Rotationen von ökonomischen Variablen deutlich beschleunigen.« (Taleb 2014, 394)

Die klassische Unternehmensantwort auf Unwägbarkeiten lautet: Risiko-management. Es wird versucht, Risiken zu beschreiben, vorherzusagen und zu bewerten sowie Maßnahmen zu ihrer Minimierung zu definieren. Doch Risiken, die mit Chaos, mit Turbulenzen, mit seltenen Ereignissen zusammenhängen – die Wahrscheinlichkeit eines »schwarzen Schwans« –, all das entzieht sich dem klassischen Kompetenzbereich des Risikomanagements. »Fragilität ist vergleichsweise gut messbar, ganz im Gegensatz zu Risiken, speziell zu Risiken, die mit seltenen Ereignissen zusammenhängen. Wir können (Anti-)Fragilität einschätzen, ja sogar messen, wohingegen wir Risiken und die Wahrscheinlichkeit von Schocks und seltenen Ereignissen nicht kalkulieren können, wie gebildet wir auch immer sein mögen. Risikomanagement, wie es heute gehandhabt wird, ist das Studium eines Ereignisses, das in der Zukunft eintreten wird, und nur ein paar Wirtschaftswissenschaftler und andere Verrückte können aller Erfahrung zum Trotz behaupten, sie seien in der Lage, das zukünftige Vorkommen dieser seltenen Ereignisse ›messen‹ zu können.« (Taleb 2014, 28)

Was tun? Antifragilität ausbilden!

Taleb spielt nun eine Vielzahl an Möglichkeiten durch, Antifragilität auszubilden. Sei es auf individueller oder auf organisationaler, etwa auf Unternehmensebene. Die grobe Richtung – bitte nicht missverstehen als Checkliste – kann etwa so aussehen: Man setze hinsichtlich der Mitarbeiter – von der Führungsebene, vom Manager, bis zum einfachen Angestellten – auf die Verknüpfung von Eigen- und Unternehmensinteresse, auf Wachsamkeit und Training auf Entdeckergeist und antifragile Tüftelei statt einzig auf Effektivität, auf Optionen-Vielfalt, auf Stress als Indikator und Trainingsanreiz.

Eigen- und Unternehmensinteresse verknüpfen

Was mit Blick auf die Management-Ebene wohlbekannt ist, etwa unter der Bezeichnung »Agency-Problem«, gilt eigentlich grundsätzlich: Wenn das wohlverstandene Eigeninteresse der Mitarbeiter nicht deckungsgleich mit dem Unternehmensinteresse ist, sondern beides womöglich weit auseinanderklafft, macht das ein Unternehmen fragil: Das Agency-Problem fungiert dann quasi als Fragilitätstransfer – wenn etwa Mitarbeiter nicht im Interesse des Unternehmens handeln. Das kann eine Folge der vorhandenen Anreizsysteme sein; vielfach mangelt es etwa an einem Mechanismus, der Mitarbeiter direkt an den Folgen – positiv wie auch negativ – von ihnen getroffener Entscheidungen beteiligt. Das Verhältnis von Unternehmens- und Mitarbeitereigeninteresse ist ein Spannungsfeld, das höchste Aufmerksamkeit verdient: Inwieweit fördert die organisationale Ausrichtung hier Konflikte, etwa Zielkonflikte – was in einen Fragilitätstransfer resultieren kann –, oder im Gegenzug durch Verknüpfung von Unternehmens- und Eigeninteresse die Ausbildung von Antifragilität?

Wachsamkeit und Training
Ein Beispiel für fragilitätsfördernden Unfug sind für mich die jährlichen (oder ebenso auch monatlichen) Budgetplanungen in Unternehmen: In jedem Jahr bilden die Ausgaben des aktuellen Jahres die Grundlage für eine Prognose der Ausgaben im Folgejahr. Dabei wird eine Budgeteinhaltung belohnt, eine Budgetunterschreitung aber ebenso wie eine -überschreitung sanktioniert. Dieses Vorgehen wenden viele Unternehmen an, obwohl sie wissen, dass die Ausgaben des aktuellen Jahres im Grunde nichts mit dem zu tun haben, was im Folgejahr ausgegeben werden sollte oder vielleicht ausgegeben werden muss. Ebenso ist Unternehmen bewusst, dass es für einen Umsatzvergleich mit dem Vorjahr keinen tragfähigen Grund gibt – dennoch ist es vielfache Praxis. Gelebte Antifragilität ist es indes, wenn ein Unternehmen am Ende eines überaus erfolgreichen Geschäftsjahres das größte Sparprogramm der Geschichte auflegt. Das ist antifragiles Handeln: eine »Reinigung« zum Einfachen, eine Komplexitätsreduktion, Herausforderung der Mitarbeiter, Sensibilisierung und Training. Wobei Training im Sinne der Antifragilität heißt: Kompensation und, bestenfalls, Überkompensation. Dabei geht es im Training nicht etwa um Größe, Firmengröße, Umsatzgröße ... – sondern als antifragil gilt vielmehr das Gegenteil: Kleine Strukturen sind in diesem Sinne besser als große. Es geht nicht um Größe, sondern um Fitness.

Die Ausbildung von Antifragilität bedeutet in gewissem Sinn tatsächlich: die Dinge sportlich nehmen. Es wird aktiv und bereitwillig der Status quo herausgefordert und hinterfragt, um diesen zu verbessern. Selbstkritik, das Stellen auch existenzieller Fragen, die möglicherweise auch ein organisationales Neu-Erfinden zum Ergebnis haben.

Redundanz, Optionen-Vielfalt

Unternehmen streben grundsätzlich zumeist erst einmal nach Effizienz und der Ausnutzung von Skaleneffekten – Redundanz wäre für diese Ziele hinderlich. Doch gerade wenn es um Antifragilität geht, können Redundanzen sinnvoll und wichtig sein. Fragil ist, was keine Optionen (mehr) hat; Antifragilität heißt: Optionen haben – als Geschäftsmodelle, Kunden, Investitionsmöglichkeiten, Personalressourcen, ...

Entdeckergeist und antifragile Tüftelei

Antifragilität bedeutet auch, dem dezentralen netzwerkartigen Ausprobieren mehr Raum zu geben als dem Analysieren. So kann es durchaus sinnvoll sein, überflüssige Ressourcen im Unternehmen zu behalten und Freiräume für Mitarbeiter zu schaffen. Prominentes Beispiel ist etwa Google, das seinen Mitarbeitern 20 Prozent ihrer Arbeitszeit für ihre eigenen Projekte überlässt. Anders gesagt: Statt Rationalisierungen und Belehrungen liegt ein Fokus auf dem »antifragilen Tüfteln, wo Fehler klein und schnell vergessen sind« (Taleb 2014, 41). Tüfteln, Interessen nachgehen, Basteln, Bricollage – Taleb bringt als Beispiel für den Nutzen dieser kreativen Freiräume ein historisches Phänomen: Englische Geistliche im 18. und 19. Jahrhundert hatten neben ihrer priesterlichen Tätigkeit ausreichend viel Zeit, um sich mit technisch-physikalischen Themen auseinanderzusetzen. Von den Ergebnissen ihres damaligen Tuns profitieren wir noch heute.

Stress seismografisch nutzen

Um herauszufinden, welche Bereiche des Unternehmens oder welche Geschäftssysteme fragil – und ebenso, welche antifragil – sind, ist Stress ein guter Indikator. Denn fragile Unternehmen halten Stressoren – intern wie auch extern – nahezu nicht aus. Antifragile Unternehmen hingegen nutzen – ebenso wie ihre Mitarbeiter – Stressoren als Trainingsanstoß. Auf diese Weise besteht die Möglichkeit, sich geeignet zu (re)positionieren, ohne im Detail verstehen zu müssen, was global vorgeht. Eine Haltung, die auch dazu beitragen kann, die Furcht vor dem Unerwarteten und Unbekannten zu reduzieren.

Resümee: Die eigene Lebenssituation ebenso wie das Unternehmen antifragil zu gestalten – dazu lädt die aktuelle und künftige Lage in der global city ein. Es bedeutet in gewisser Weise, wie der Volksmund sagt, aus der Not eine Tugend zu machen. Jähen Veränderungen, Unberechenbarkeiten und Störungen nicht nur standzuhalten, sondern an ihnen zu wachsen, sie zu Stärken umzumünzen – darum geht es. Eine sich stetig wandelnde Welt bietet stetig neue Gelegenheiten für den, der sie zu nutzen weiß.

Maxime 7: Erlange Sicherheitskompetenz

»Es gibt zwei Arten von Unternehmen: solche, die schon gehackt wurden, und solche, die es noch werden.«

Robert Mueller (*1944); 2001 bis 2013 Direktor des Federal Bureau of Investigation

Früher diente eine gesicherte Eingangstür oder ein Bürotresor dem Schutz der Unterlagen, Finanzen und Patente. Heute braucht es zusätzlich Sicherung der nunmehr digitalen Einfallstore. Und davon gibt es Unzählige, und nahezu überall.

Wenn wir den erfreulichen Reichtum an unkomplizierten Möglichkeiten der digitalen Welt schätzen, genießen und ihre Segnungen für uns gewinnbringend nutzen – dann sollte uns dabei stets klar sein: Diese Fülle an Möglichkeiten bietet sich auch denen, die es mit uns eben nicht etwa gut meinen, sondern ganz andere Ziele verfolgen. In sämtlichen Lebensbereichen – ob privat oder geschäftlich – ist das etwas, womit permanent zu rechnen ist: Cyber-Angriffe auf staatliche Institutionen ebenso wie auf privatwirtschaftliche Unternehmen, Übergriffe auf Computer ebenso wie auf Smartphones.

Die Cybercrime-Industrie ist inzwischen ebenso hoch entwickelt wie die gesamte IT-Branche. Wer digitale Systeme oder gar ein digitales Geschäftsmodell betreibt, kann (und sollte) ziemlich zuverlässig davon ausgehen, irgendwann Ziel eines Angriffs zu werden. So waren 2015 nach einer Umfrage der BITKOM insgesamt 70 Prozent aller befragten Unternehmen Opfer von Datendiebstahl, Wirtschaftsspionage oder Sabotage. Dieser Prozentsatz wird der Höhe nach mit Blick auf die Gesamtunternehmen in Deutschland zu relativieren sein. Tatsache ist jedoch: Die Gefahr, künftig von einem Angriff betroffen zu sein, ist real. Die Einschätzung, »klein« und damit möglicherweise aus eigener Wahrnehmung »unbedeutend« zu sein, schützt an dieser Stelle nicht. Sobald ein System mit dem Internet verbunden ist, ist es auch auffindbar – Zugänglichkeit erhöht die Verwundbarkeit. Und der notwendige Aufwand, Systeme mit Schwachstellen zu entdecken, ist für Angreifer vergleichsweise gering; dank weitgehender Automatisierung lässt sich eine große Menge an Zielen sogar vergleichsweise effektiver angreifen als eine kleine Menge. Das ist wie beim Versand sogenannter Spam-E-Mails: Millionen von Nachrichten werden versandt und es braucht nur einige wenige Empfänger, die die E-Mail öffnen und auf den angegebenen Link klicken, um hinreichend Gewinn zu erzielen.

Besonders deutlich werden die steigenden, mit der digitalen Transformation verbundenen Risikopotenziale, macht man sich bewusst, dass beispielsweise in den kommenden Jahren mit der zunehmenden Digitalisierung und Vernetzung – dem »Internet of Things« und dem »Smart Everything« – Millionen neuer Geräte, auf oftmals technischer Minimalbasis, im Internet verfügbar und damit zu potenziellen Zielen unliebsamer Dritter werden. Zu diesen möglichen Zielen zählen beispielsweise Elemente zur dynamischen Steuerung von Produktionsprozessen. Wie einfach sich der Zu- beziehungsweise Angriff aus dem Internet möglicherweise gestalten kann, sehe ich, wenn ich heute beispielsweise in die vergleichsweise unbekannte Suchmaschine Shodan »default password« eingebe und eine Liste ans Internet angeschlossener Geräte erhalte, bei denen das Standard-Kennwort nicht geändert wurde und die daher »transparent« im Zugriff sind. Und nicht nur Produktionssteuerungselemente werden so zugänglich und beeinflussbar; auch weitere Bereiche, etwa Produkte und Dienstleistungen und im zunehmenden Maße auch das Wohlergehen von Individuen: selbstfahrende Autos, im Pflegebereich eingesetzte Roboter ... Die hier entstehenden Risiken scheinen von vielen Unternehmen derzeit noch unterschätzt zu werden; davon, die hier erwachsenden Gefahren im Griff zu haben, kann bislang häufig nicht die Rede sein.

Vertrauenswürdigkeit als Geschäftsgrundlage

Vertrauen ist einer der wichtigsten Faktoren in Geschäftsbeziehungen. Dem jeweiligen Umgang mit Daten seitens der Geschäftspartner kommt hier eine strategische Bedeutung zu; verlässliche, funktionierende Sicherheitsmaßnahmen – etwa die Wahrung der Sicherheitsbedürfnisse aller Beteiligten mit Blick auf ausgetauschte Daten – können in der digitalen Wirtschaft zu einem Wettbewerbsvorteil werden. So ist es dramatisch, wenn ein Unternehmen wie Yahoo! im Jahr 2016 zugeben muss, dass persönliche Daten von mehr als einer Milliarde Kundenkonten durch Hacker erbeutet wurden – und gar unbekannt geblieben ist, welche Daten es genau waren.

Es ist also mehr als richtig, dass Organisationen über technische Sicherheit – vom Design ihrer IT Systeme über genutzte Software bis zu verwendeten Daten und IT-Infrastrukturen und Management derselben – nachdenken und darin investieren. Insbesondere bei neuen Systemen ist es gut, »Security by Design« in die notwendigen Überlegungen einzubeziehen. Und wichtig ist: Sicherheit in digitalen Anwendungen nicht als Randthema behandeln – sondern auf der obersten fachlichen Führungsebene ansiedeln!

Die notwendige Technologie zur Absicherung von Unternehmen ist mehrheitlich am Markt verfügbar – muss aber eben auch zum Einsatz kommen. Zuweilen mangelt es – bei aller technischen Ausgereiftheit – an banalen Dingen wie einem aktuellen Virenschutz auf den PCs und insbesondere Laptops. Gerade bei mobilen Geräten ist zudem mindestens eine Festplattenverschlüsselung empfehlenswert – als Grundschutz, unabhängig davon, ob Geräte für die Speicherung von sensiblen Daten vorgesehen sind. Virenschutz, Verschlüsselung – einfache Maßnahmen, für die entsprechende Tools leicht verfügbar sind. Dennoch kommen diese Schutzmaßnahmen vielfach nicht zum Einsatz – es mangelt oft an Kompetenz und Entschiedenheit.

Bei aller Berechtigung von Sicherheitsarchitekturen und Ähnlichem – am einfachsten hat es Cyber-Kriminalität über einen anderen Weg: den Menschen. Ausgeklügelte Technik ist nur in dem Maß sicher, wie Anwender sie auch nutzen. Das heißt: Eine Sicherheitssoftware muss auf der einen Seite leistungsfähig, auf der anderen Seite gut bedienbar sein – ein Balanceakt. Wenn es zu langwierig oder zu kompliziert wird, werden die entworfenen Sicherheitsmaßnahmen eben umgangen und auf diese Weise gravierende Lücken geöffnet. Das auf der letzten Kalenderseite auf dem Schreibtisch notierte Kennwort ist dabei noch die trivialste Form dieser Schwachstelle. In einer Studie gab fast jeder zweite Teilnehmer einer angeblichen Umfrage den Interviewern sein persönliches Passwort preis: Wenn er direkt davor eine Tafel Schokolade bekommen hatte – schlicht aufgrund der menschlichen Neigung zur Reziprozität (Happ et al. 2016). Und um noch ein etwas anders gelagertes Beispiel zu bringen: Aufsehen erregte etwa jenes auf unternehmensinterne Hierarchiebeflissenheit setzende Cyber-Verbrechen namens CEO Fraud, Geschäftsführer-Trick, bei dem grundsätzlich dazu befugte Angestellte mittels vorgeblicher Chef-E-Mail aufgefordert wurden, große finanzielle Transaktionen zu tätigen. In erheblichem Ausmaß wurden auf diese rein digitale, indes inhaltlich plausibel und authentisch klingende Anweisung hin, die sich im Endeffekt als Fake-E-Mail herausstellte, immense Summen überwiesen, die dann im Ergebnis verloren waren.

Sicherheit beginnt beim Anwender – und endet dort.

Zu diesem sogenannten »Social Engineering« kommen noch jene Gefahren, die in Phishing-E-Mails, manipulierten Links und Ransomware (Erpressungstrojanern) lauern. Nichts davon muss zwingend von professionellen Hackern ausgehen; so gibt es Exploit-Kits, mit denen sich selbst bei sehr eingeschränkten IT-Fähigkeiten Malware und Ransomware entwickeln lassen.

Individuelle Bewertungskompetenz

Sichere, vertrauenswürdige IT-Infrastrukturen sind Voraussetzung für die Partizipation an der Digitalisierung. Es braucht digitale Souveränität; sie stärkt das Vertrauen in digitale Wirtschaftsprozesse. Solange Unternehmen Verlust oder Manipulation ihrer Daten – insbesondere wettbewerbs- und geschäftskritischer Informationen – befürchten müssen, werden sie sich allenfalls zurückhaltend oder nur in isolierten sicheren Räumen digitalisieren.

Grundsätzlich bleibt die Feststellung: Die Bedrohung lässt sich nicht ausschalten, sondern nur managen (Weinreich 2016, 127). Doch dazu braucht es vor allem: Kenntnis.

Es handelt sich hier nicht um einen Kampf auf verlorenem Posten – im Gegenteil. Es geht um bewusste und aktive, mündige und informierte Teilhabe an der digitalen Transformation – quer durch alle Unternehmensetagen. Sicherheit ist nicht mehr nur eine Aufgabe der IT-Abteilung; Blauäugigkeit ist durchgängig zu vermeiden. Es sind beispielsweise die Verfahren zum Schutz des digitalen Ich ebenso zu erlernen wie die notwendige Kenntnis für die realitätsgetreue Einschätzung von Bedrohungsszenarios und deren Konsequenzen zu erlangen (Urbach/Ahlemann 2016, 123). Bewertungskompetenz – das heißt: Anwender können die Sicherheit und Vertrauenswürdigkeit von Produkten und Anwendungen einschätzen und je nach Bedarf aus mehreren vertrauenswürdigen Technologie- und Handlungsoptionen auswählen.

Resümee: Gelingende Partizipation an und in der digitalen Welt geht mit steter Aufmerksamkeit und Wachsamkeit einher. Sich konstant in realitätsgetreuer Risikoabschätzung zu üben, ist das Entscheidende – sowohl beispielsweise in der Beurteilung von Cloud-Diensten als auch in der Einschätzung digitaler Kontakte.

Maxime 8: Suche ein Gleichgewicht zwischen Agilität und Stabilität

»agil … flink, gewandt, beweglich«
»stabil … fest, standfest; dauerhaft, beständig«

Wahrig, Deutsches Wörterbuch

Unternehmen sind strukturierte Gebilde. Eine klassische Aufteilung ist etwa die arbeitsteilige, die Aufteilung nach Sparten, die Aufteilung nach Backoffice und Frontoffice. Man nennt diese Aufteilung auch: Silo-Struktur … Ein Silo ist eine Art großer Container, etwas relativ dicht Abgeschlossenes, das gut nebeneinander aufgereiht und bewusst unterschieden werden kann.

Eine solche Struktur, womöglich auch noch recht rigide ausgeprägt, geht nicht selten mit »Abschottungstendenzen« des jeweiligen Bereichs gegenüber anderen Bereichen einher; unternehmensinterner Wettbewerb um Ressourcen, Budgets und Personal tut Übriges dazu. Im Regelfall kann man davon ausgehen: Eine Silo-Struktur bedeutet, man hat es mit einem vergleichsweise starren, bürokratisch organisierten, indes gleichzeitig idealiter sehr stabilen Unternehmensgefüge zu tun.

Die digitale Transformation fordert an diesem Punkt nun Umdenken, Umorientierung – fort vom Silo und hin zum integrierten, interdisziplinären Vielseitigkeitsteam: Hier finden Spezialkenntnisse zusammen, um gemeinsam an (digitalen) Prozessen zu arbeiten; gegebenenfalls werden auch externe Kompetenzen eingeholt und »geräuschlos« integriert (Weinreich 2016, 188). Eine Vorgehensweise, die Agilität an die Stelle von Silo-Denken setzt – und Beweglichkeit von allen Beteiligten fordert.

Mittelständischen Unternehmen bietet diese Notwendigkeit der Umorientierung eine besondere Chance. Denn hier kann ihr – von größeren Unternehmen nicht selten belächeltes – organisatorisches Merkmal geringer prozessualer Verbindlichkeit und kurzer Entscheidungswege zum Vorteil werden. Während etablierte Großunternehmen zumeist ohne eine Silostruktur ihr funktionales Korsett verlieren würden, ist eine ineinandergreifende Zusammenarbeit unterschiedlicher Bereiche und/oder Abteilungen – bis zu einem gewissen Grad – in mittelständischen Unternehmen eher erprobt oder gar internalisiert. Zumindest bis zum Versuch des Kopierens oder Imitierens von Großunternehmensstrukturen – im Sinne eines vermeintlichen Best Practise für nachhaltigen Unternehmenserfolg.

Agilität: Charakteristika und Differenzierungen

Agilität, wie sie im Zuge der digitalen Transformation zu den essenziellen Fähigkeiten eines Unternehmens gehört, bedeutet ganz konkret vor allem: die Implementierung steter Veränderungsbereitschaft an Marktgegebenheiten.

Die Idee der Agilität stammt – wie vieles andere – aus der Softwareentwicklung. Ende der 1990er-Jahre verfestigte sich hier zunehmend die Erkenntnis, dass man mit klassischen Vorgehensmethoden nicht mehr wirklich gut aufgestellt war. Etwa mit dem traditionellen Verfahren, zunächst ein sogenanntes Pflichtenheft für eine neue Software zu schreiben, das im Anschluss daran möglichst elegant und ohne Abweichungen umgesetzt wurde. Die Folge dieses Vorgehens war eine saubere Ab- und Eingrenzung des Leistungssolls, ein hoher Grad an Strukturierung und eine klare Vorgehensweise. Doch bei wachsendem Umfang und Komplexität der zu entwickelnden Anwendungen führte genau dieses strukturierte Vorgehen zu Problemen: Es ist heute beispielsweise kaum mehr möglich, eine hinreichende Dokumentation über das umfängliche Verhalten einer Software zu erstellen; allein der Prozess der Anforderungsabbildung der der realen Welt in einem solchen Pflichtenheft würde so lange dauern, dass das im Anschluss entwickelte fertige Produkt planmäßig veraltet wäre. Anders ist es mit der neuen Art des Vorgehens: der agilen Softwareentwicklung. Dieser Ansatz legt mehr Wert auf die Fähigkeit des schnellen Reagierens auf Veränderungen als auf das im Vorab planvoll-verbindlich strukturierte Vorgehen.

Agile Methoden kennzeichnen drei Charakteristika: Iterativität, zeitnahe und transparente Kommunikation, kundennahes Arbeiten (Weinreich 2016).

In Unternehmen kann sich Agilität auf unterschiedlichen Ebenen ausprägen: Persönliche Agilität kann darin bestehen, dass sich die Mitarbeiter stetig weiterentwickeln, durch den Erwerb neuer Fähigkeiten, die Übernahme neuer Aufgaben oder das Ausprobieren neuer Techniken und auf diese Weise neue Wege gehen. Technische Agilität kann bedeuten: Eingesetzte Tools, Methoden und Verfahren werden stetig hinterfragt und angepasst, sodass das vom Kunden und vom Markt Geforderte leistbar ist. Produktagilität kennzeichnet der beständige Abgleich der eigenen Produkte oder Dienstleistungen mit den Wünschen und Anforderungen der Kunden und die entsprechende Anpassung, also die Umsetzung von Änderungen in den Kundenwünschen oder neuen Marktanforderungen. Organisationale Agilität meint die Fähigkeit, die eigene Organisation in Strukturen, Prozessen, Abläufen und Formen innerbetrieblicher Zusammenarbeit fortgesetzt den (Kunden-)Erfordernissen anzupassen. Lässt sich zudem das eigene Geschäftsmodell durch Richtungsänderungen anpassen, so spricht man von geschäftlicher Agilität. Ein Meisterstück schließlich, die strategische Agilität, gelingt einem Unternehmen dann, wenn es sich strategisch neu auszurichten und das Kerngeschäft zu ändern vermag, ohne dabei an Tempo zu verlieren (Foegen/Kaczmarek 2016).

Differenzieren lässt sich hinsichtlich der Agilität eines Unternehmens weiter entlang der Fragen: Inwieweit werden am Markt befindliche Möglichkeiten proaktiv aufgenommen, beziehungsweise wird lediglich darauf reagiert? Inwieweit können auch radikale Richtungsänderungen – gerade mit Blick auf Geschäftsmodelle – vorgenommen werden? Ist eine Anpassung an Kunden- und Marktanforderungen nicht lediglich punktuell, sondern tatsächlich kontinuierlich möglich (Lee et al. 2015)?

Agiles Handeln kann dabei durchaus auch heißen: zu improvisieren. In einer durch zunehmende Komplexität, Ambiguität, schnellen Wandel und Unvorhersehbarkeit geprägten Lage kann es gerade der Improvisation gelingen, adäquat mit den Potenzialen einer Situation zu arbeiten (Dell 2012).

Agilität braucht Stabilität

Bei aller Beweglichkeit unternehmerischen Handelns und der dazu nötigen Freiheit ... – eine erfolgreiche digitale Transformation benötigt für agile Prozesse ein starkes, stabiles technologisches Rückgrat; Voraussetzung sind solide innerbetriebliche Abläufe ebenso wie optimale betriebliche Arbeitsweisen und -prozesse. Es gilt, digitale Technologien als Chance zu erkennen, die Unternehmensentwicklung voranzutreiben und daraus Prozess- und Produktivitätssteigerungen zu realisieren.

Doch festzustellen ist: Viele etablierte und historisch gewachsene Unternehmens-IT-Systeme erfüllen die Agilitätsanforderungen nicht (mehr); die Zeiten, in denen Prozesse einmalig und in Perfektion für die nächsten zehn bis zwanzig Jahre aufgesetzt wurden, gehören der Vergangenheit an. Statt nun bestehende IT-Infrastrukturen und Prozesse aufwendig und umfassend umzubauen, ist es für Unternehmen oft effizienter, parallel innovative digitalisierte Lösungen zu implementieren. Eine solche kostenbewusste »Two-Speed-IT« ermöglicht auf der einen Seite die Bereitstellung einer modularen, flexiblen, kundenbezogenen IT-Architektur und auf der anderen Seite das Vorhalten einer Kern-IT-Struktur für die internen Unternehmensprozesse, die auf Stabilität und Verlässlichkeit sowie höchste Datenqualität ausgerichtet ist. Mittels einer solchen Zweigleisigkeit, die parallel sowohl Stabilität als auch Agilität ermöglicht, kann die Transformation im Unternehmen sukzessive erfolgen.

Dass ein Weg zur Bewältigung der digitalen Transformation unter anderem ein Weg der verschiedenen Geschwindigkeiten im Unternehmen sein kann, wird auch deutlich bei einem Blick auf das Verhältnis zur Digitalisierung im Privatbereich. Ursprünglich war die Arbeitswelt Vorreiter in der Digitalisierung und die dort etablierten Technologien wurden später auf das Private übertragen. So hatten etwa in den 1980er-Jahren viele bereits einen Computer in der Firma stehen – schrieben ihre Briefe daheim allerdings noch von Hand. Das hat sich mittlerweile gewandelt beziehungsweise gar umgekehrt: In vielen Bereichen ist die private Nutzung der Unternehmensnutzung voraus, schwappen immer wieder Entwicklungen aus dem persönlichen auch in den Geschäftsalltag; Initiativen wie »bring your own device« oder die Akzeptanz beispielsweise von DropBox in Unternehmen sind ein Zugeständnis an die dort bereits vorhandenen Lösungen der Mitarbeiter. Was die Geschwindigkeit angeht, kommen die internen Unternehmens-IT-Abteilungen nicht immer hinterher – können sie auch gar nicht. Denn den Anforderungen an Stabilität und Qualität Genügendes kann für bereitgestellte interne Lösungen meist nicht im selben Tempo geliefert werden, wie dies am externen Markt für die weniger anforderungsbeladenen Privatanwendungen möglich ist. Eine Verlagerung der Unternehmenswertschöpfung ist ein Resultat dieser verschiedenen Geschwindigkeiten: Neben der internen IT, vor allem für die Sicherstellung des Basisbetriebs, wird auch stärker auf Software-Lösungen aus dem Internet sowie eine Kombination gesetzt. Es zeigt sich, dass es sinnvoll ist, Offenheit für Mehrgleisigkeit, für die Einbeziehung anderer Lösungen zu leben.

Das Beispiel der IT lässt sich auf andere Unternehmensbereiche übertragen: Ein Weg zur Bewältigung der digitalen Transformation kann sein, parallel mit unterschiedlichem Tempo unterwegs zu sein – ein gut gangbarer Weg übrigens auch hinsichtlich der vielfach vorhandenen Sorge um die mit einer größeren strukturellen Umwälzung verbundenen Kosten.

Und auch wenn es wie die Quadratur des Kreises klingt: Innovationstempo und mit der Digitalisierung einhergehende Effekte fordern auf der einen Seite eine fortwährende Neubesetzung zukunftsträchtiger Geschäftsfelder und die Transformation bestehender Geschäftsmodelle. Auf der anderen Seite gilt es, das gegenwärtig noch profitable Kerngeschäft so effizient wie möglich abzuwickeln. Insofern ist das unternehmerische Handeln ein Balanceakt: in der Gegenwart wie in der Zukunft gleichermaßen. Die Etablierung einer auf agile Lösungen ausgerichteten digitalen Denkweise im Gesamtunternehmen kann helfen – bringt sie doch bewegliche Neugier und strikte Businessorientiertheit mit einem geeigneten Blickwinkel auf Änderungen in Technologien und Prozessen.

Resümee: Die digitale Transformation braucht Beweglichkeit – Agilität. Wobei die Conditio sine qua non, die absolute Grundbedingung, jene ist, die im Grundsatz jeden kreativen Prozess erst ermöglicht: das Gleichgewicht zwischen Stabilität und Bewegung, Sicherheit und Freiraum – etwa Kostenbewusstsein/-sicherheit und Wagemut. Es ist ein elementares und stets neu auszutarierendes Gleichgewicht.

Maxime 9: Differenziere bei Innovation

»You've got to start with the customer experience and work back towards the technology – not the other way around.«

Steve Jobs (1955–2011); US-amerikanischer Unternehmer

Imitation und Innovation, das hielt Joseph Schumpeter für das Wichtigste im Wirtschaftsprozess. Und Henry Chesbrough unterstreicht es, wenn er sagt: »Companies that don't innovate die«. Es gilt: Innovation oder Untergang. Doch Innovationsbemühungen und -prozesse treffen auf Widerstände – das liegt gewissermaßen in der Natur der Sache: vielleicht Widerstände im eigenen Unternehmen, vor allem Widerstände auf Kundenseite. Man möchte die Dinge so, wie sie immer schon waren, denn daran ist man gewöhnt, und das hat bisher prima funktioniert. »Der Schalter für die Sitzheizung war immer dort ...« In ihren Innovationsbestrebungen sind Unternehmen oftmals Gefangene der bestehenden Kundschaft (Christensen 1997).

Ein gutes Beispiel sind Aktualisierungen (Relaunches) von Webseiten. Es ist wie bei einer Neuanordnung des Sortiments im Supermarkt: Bestandskunden reagieren zunächst einmal wenig begeistert. Gewohnte Pfade – Klick- oder Laufwege – verlassen zu sollen, erprobte Routinen aufzugeben, uns neue Wege aneignen zu müssen, darauf reagieren wir oftmals unwillig. Es ist aufwendiger; es bedeutet: Suchen, Nachdenken; erfordert Aufmerksamkeit, den Switch vom automatischen zum bewussten Handeln. Solche Veränderungen beurteilen wir erst einmal negativ.

Innovation: Ja – aber wo und wie?

Innovation: Ja, aber – wo? Es kann eine große Versuchung sein, mit Innovationsbestrebungen erst einmal bei internen Prozessen und Strukturen anzusetzen. Da gibt es oftmals vieles, das nicht optimal und damit optimierungswürdig erscheint. Zudem üben interne Innovationsprojekte einen großen Reiz auf Mitarbeiter aus: Alle im Unternehmen sind Experten, können also mitreden; fast jeder nimmt gern die Chance wahr, sich seine Pipi-Langstrumpf-Welt (»Ich mach' mir die Welt, wie sie mir gefällt ...«) zu schaffen – ohne dass dies auch wirtschaftlich (nachweisbar) Erfolge zeigt. Also: Es ist der falsche Weg. Innovationen im Backend – in den internen Prozessen oder Abläufen – sind mit Blick auf den wirtschaftlichen Erfolg nachgelagert; was zählt, ist die Innovation an der Kundenschnittstelle, am Frontend. Hier gilt es für die meisten Unternehmen, mit Blick auf die Digitalisierung, anzusetzen: beispielsweise durch die Schaffung digitaler Services, durch die Übernahme (neuer) Kundenbedarfe in das eigene digitale Leistungsportfolio.

Und wie? Was braucht es, um the next big thing hervorzubringen? Die Antwort ist ein »Sowohl …, als auch …«. Zum einen braucht es gelegentlich, aller richtigen Ausrichtung auf Tempo und Agilität zum Trotz, Zeit. Innovationsbemühungen kommen oft mit einer gewissen Eilfertigkeit daher; und zuweilen ist es hilfreich, dagegen zu halten: der Hast der Innovation mit einem gewissen Mut zur Langsamkeit zu begegnen. Das heißt, sich Zeit zum Nachdenken zu nehmen: die Situation zumindest insoweit zu analysieren, dass inhaltliche Treiber neuer Technologien erkannt und daraus ein eigener Ansatz – am besten analog, auf Papier – formuliert werden kann. Solche Denkarbeit kann Initialzündung zu einem entscheidenden Innovationsschub sein, und man tut unternehmerisch gelegentlich gut daran, sich tatsächlich einfach mal Zeit dafür zu nehmen. Wofür ich hier gerade nicht plädiere, ist das übliche – scheinbar moderne, weil Silicon-Valley-gemäße – Nachdenken in größeren Gruppen, Brainstorming-Sitzungen und Ähnlichem; wirklich Neues entsteht so selten bis nie, dem entgegen wirkt zumeist etwa der soziale Druck, resultierend in Kompromissen, Meinungsführerschaften et cetera. Doch bereits im Kindergarten wird ein solches »gemeinsames« Erarbeiten in der Gruppe gelernt; etwas, das sich dann über Schule und Studium bis in Unternehmen fortsetzt. Doch wie oft wurden in solchen Gruppen tatsächlich gute, kreative und neue Ideen gemeinsam entwickelt? Wie viele Personen wären dafür tatsächlich notwendig gewesen? Eine Gruppe hat ihre Stärke im Kritisieren – aber nicht im kreativen Entwickeln – von Ideen. Gruppen erzeugen einen Konsensdruck der Kreativität und Intelligenz zerstört. Wofür ich stattdessen mit Blick auf Innovationen plädiere, geht eher in die Richtung: unternehmerische Eigenarbeit im stillen Kämmerlein, Ringen um Neues in konzentriertem Einzelkämpfertum, dann und wann belebt, befruchtet und auf den Prüfstand gestellt durch Gedankenaustausch mit geeigneten, anschlussfähigen Gesprächspartnern.

»Sowohl ..., als auch ...« Schnelligkeit, Tempo, Zeitdruck – in diese Richtung geht die zweite, ganz wesentliche Orientierung. Gemäß der von Teresa Amabile empfohlenen Time-Pressure/Creativity-Matrix sind für Innovationen zwei Zutaten wesentlich: a) Zeitdruck, da ohne diesen zwar, in Ruhe, Ideen entstehen, indes kein großer Sprung gemacht wird; b) ausschließlicher Fokus, da das ansonsten übliche fragmentierte Arbeiten die Kreativität beeinträchtigt (Amabile et al. 2002). Konkret: Statt beispielsweise ein Team mit 200.000 Euro Budget und einem Jahr Entwicklungszeit auszustatten, gebe man ihm besser ein Budget von 10.000 Euro und sechs Wochen Entwicklungszeit – oder wie der Volksmund sagt: »Not macht erfinderisch.«

Michael Schrage hat diesen Ansatz in das 5×5-Prinzip überführt. Man gebe einem heterogen zusammengesetzten Fünf-Personen-Team fünf Tage Zeit für die Entwicklung von fünf Ideen, deren Umsetzung nicht länger als fünf Wochen dauern und maximal 5.000 Dollar kosten darf (Schrage 2014). Nach Ablauf der fünf Tage werden die entwickelten Ideen präsentiert und mindestens eine auch umgesetzt. Auf diese Weise werden schnell neue und insbesondere auch leicht realisierbare Ideen generiert. Dabei ist wichtig: Es geht hier nicht darum, eine Zukunftsvision zu entwickeln und diese dann umfänglich und planmäßig, von oben gesteuert, zu verwirklichen. Dieses Top-Down-Vorgehen ist wenig agil und für Digitalisierungsbestrebungen nicht geeignet. Es geht vielmehr darum, nach Problemen Ausschau zu halten, die für Kunden gelöst werden können – möglicherweise auf völlig neue Art und Weise, unter Nutzung vorhandener Plattformen und Tools.

Die Devise ist also: Lösungen, Ideen und Prozesse ... – alles vom Kunden her denken! Diese Ausrichtung hat auch der Design-Thinking-Ansatz. Leitfragen sind: Was braucht, will und kann der Kunde? In welcher Umgebung bewegt er sich, welche zu priorisierenden Anforderungen an digitale Angebote hat er deshalb? Im Zweifel kann der »Kunde« in diesem Erarbeitungsprozess indes auch der eigene Mitarbeiter sein, der schließlich später operativ mit den digitalen Lösungen arbeiten wird – das jedoch erst dann, wenn der externe Kunde hinreichend versorgt ist.

Was braucht, will und kann der Kunde? Um das herauszufinden, startet man, so dieser Ansatz, beim sogenannten »Verstehen« und »Einfühlen« in die Kundensicht – und das nicht nur theoretisch, sondern ganz konkret. Man versetzt sich tatsächlich in den Kunden, in sein Erleben: Man tut, was der Kunde tut. Das ist der entscheidende Perspektivwechsel; man setzt nicht an der eigenen Leistungsfähigkeit, dem eigenen Leistungsvermögen oder dem eigenen Empfinden über den Kunden an, sondern bei der meist unbekannten Herausforderung des Kunden, die es durch Innovation zu bewältigen gilt (Preuss 2016). Die Abfolge ist, grob gesagt: An erster Stelle steht das Sich-in-den-Kunden-Hineinversetzen mit dem Ergebnis, ihn zu verstehen. Dann wird dieses Verständnis in tatsächliche Bedürfnisse transformiert. Es folgt die Problemdefinition und, in gemeinsamem Ideengenerierungsprozess, die Suche nach Lösungsansätzen. Einige der so entstandenen Ideen werden ausgewählt, um sie in der sogenannten Experimentierphase – unter Einbeziehung des Kunden – auf Herz und Nieren zu testen und weiterzuentwickeln; das alles geschieht interdisziplinär. Wichtig ist und bleibt, dass die Lösung das ursprünglich identifizierte Kundenbedürfnis erfüllt.

Ein Innovationsprozess, der auf diese Weise angegangen wird, bietet zumindest die größtmögliche Chance für das Entstehen innovativer Ideen für eigene Produkte und Dienstleistungen, die tatsächlich Kundenbedürfnisse befriedigen und damit Erfolge am Markt erzielen. Genau hier liegt der Mangel vieler Innovationsprojekte: Innovationen entspringen dem eigenen (Anbieter-)Denken und nicht den Kundenbedürfnissen.

Neues fördern, Altes fordern

Aber: Wann ist eine Innovation eine Innovation? In diesem Punkt herrscht nicht selten Verwirrung. Denn eine Innovation besteht nicht einfach nur daraus, dass man eine gute neue Idee hat. Eine wirkliche Innovation ist die Durchsetzung einer neuartigen Idee und/oder Technologie als Produkt am Markt. Das ist ein insofern wichtiger Unterschied, als Unternehmen sich hier gelegentlich selbst ausbremsen, beispielsweise durch Vorbehalte gegenüber Ideen und Technologien, die nicht originär im Unternehmen

Ideen bringen Neues –
Innovationen bringen Geld.

entwickelt wurden. Solche Vorbehalte gilt es aufzugeben; dieses Not-invented-here-Syndrom bremst die eigene Innovationskraft.

Auch ein anderes Hemmnis gilt es zu betrachten: die Befürchtung, das neue eigene Produkt könnte dem alten eigenen Produkt am Markt schaden. Selbstverständlich birgt eine Innovation immer die Gefahr, bereits vorhandene eigene Produkte zu kannibalisieren – der neue Kaffeevollautomat in der Büroküche kann dazu führen, dass niemand mehr Kaffee aus der danebenstehenden Filterkaffeemaschine trinkt. Und gerade etablierte Unternehmen mit breiter Produktpalette stehen in (und unterliegen auch oft) der Gefahr, die Marktentwicklung mitsamt auch den digitalen Erneuerungen zwar intensiv zu beobachten, jedoch keine eigenen digitalen Offensiven zu initiieren. Denn: Sie möchten vermeiden, dass ihre analogen und digitalen Produkte sich gegenseitig beschneiden. Ein solches Denken hatte lange Zeit seine Berechtigung und ist auch heute möglicherweise kurzfristig noch richtig. Es birgt aber bezogen auf einen längeren Betrachtungszeitraum für etablierte Unternehmen das Risiko, im Zuge der digitalen Transformation von (neuen) Wettbewerbern verdrängt zu werden. Es ist, als würde BMW interessiert und abwartend zusehen, wie sich Uber mit seinem Vermittlungsdienst zur Personenbeförderung am Markt schlägt, ohne eine eigene DriveNow-Initiative zu starten, aus Sorge, das eigene Neuwagengeschäft damit zu schädigen. An diesem Punkt fordert die digitale Transformation Umdenken – und zwar von etablierten Unternehmen: ihr Wissen, ihre Erfahrung und ihre bislang erfolgreichen Bestandsgeschäfte proaktiv zu kannibalisieren. Steve Jobs bringt es auf den Punkt: »If you don't cannibalize yourself, someone else will ...«

Resümee: Digitalisierung bedeutet: Innovation. Wo? An den Kundenschnittstellen – genau gesagt: beim Kundenbedürfnis. Wie? In die Kundenperspektive hineinversetzen, einfühlen, verstehen. Was braucht es? Paradoxerweise Zeit und Zeitdruck, sicherlich Interdisziplinarität, beispielsweise in einem 5×5-Setting. Was riskiert man? Vielleicht ein wenig zum Kannibalen zu werden ...

Maxime 10: Führen heißt: »Katzen hüten«

»Du musst jeden Tag entscheiden, wer den Preis für deine Führung zahlt: du oder deine Leute.«

Kevin Leman (*1943); US-amerikanischer Psychologe

Dass die digitale Transformation erhebliche Veränderungen für Unternehmen mit sich bringt, bedeutet auch: Veränderungen in Fragen der Leitung und Führung. Traditionelle Formen der Zusammenarbeit weichen der Kooperation in Netzwerken und Ähnlichem; vielfach gibt es keine eindeutige klassische organisationale Zugehörigkeit als Arbeitnehmer mehr; hoch qualifizierte Fachkräfte stehen in einem fortwährenden Austausch mit einer weltweiten Community ihres Fachs. Die Loyalität zum eigenen Unternehmen nimmt ab und ist nicht mehr in erster Linie an Organisationszugehörigkeit geknüpft, sondern an fachliche, ernst genommene Expertise.

Die Herausforderungen für Führungskräfte ändern sich also im Zuge des digitalen Wandels. Mein Lieblingsbild für das neue Szenario ist: Leiten und Führen gleicht dem Hüten von Katzen. Katzen gelten gemeinhin als eigensinnig, unabhängig und gelegentlich kapriziös – im Gegensatz zum treuen, folgsam-zuverlässigen Hund. Wie es der Volksmund sagt: Der Mensch hält sich einen Hund – aber keine Katze; bei der Katze ist es anders herum: Sie hält sich den Menschen. Ähnlich geht es Führungskräften in der digitalen Wirtschaft nicht selten mit ihren Mitarbeitern – und zwar gerade mit denen, deren Qualifizierung, Initiative und Kreativität und zuweilen seltsame Verrücktheit man schätzt. Diese »Katzen« möchte man für das Unternehmen gewinnen, halten, und bestenfalls, wenn möglich, auf ein gemeinsames Ziel verpflichten.

Die digitale Transformation wird, davon ist auszugehen, das Arbeitgeber-Arbeitnehmer-Verhältnis in Unternehmen zunehmend auf den Kopf stellen. Die Bindung zwischen Arbeitnehmer und Arbeitgeber löst sich in einer digital transformierten Wirtschaft zunehmend. Flexible Arbeits- und Kooperationsformen führen dazu, dass die Arbeitnehmer ständig mit einem Bein im Arbeitsmarkt stehen. Während es für Unternehmen gilt, die geeigneten Talente und Leistungsträger dauerhaft an sich zu binden, trifft die Entscheidung über eine solche Bindung aber in erster Linie der Arbeitnehmer (Wolan 2016). Nicht die Unternehmen haben Mitarbeiter – die Mitarbeiter haben Unternehmen. Die klassischen Erwerbsbiografien einer jahrzehntelangen nicht hinterfragten Unternehmenszugehörigkeit und die damit verbundene (Planungs-)Sicherheit gehört in der digitalen Wirtschaft endgültig der Vergangenheit an. Dies mag man bedauern oder bejubeln – zu ändern ist es nicht.

Für die Personalrekrutierung hat das verschiedenste Konsequenzen – beispielsweise: Um einen kontinuierlichen Zustrom an neuen und insbesondere jungen Talenten in Unternehmen sicherzustellen – notwendig schon aufgrund des allerorten gleichsam mantramäßig bekundeten Fachkräftemangels –, buhlen Unternehmen nun bereits um junge Talente, noch bevor diese Schule oder Universität verlassen haben. Dabei sehen Unternehmen sich mehr und mehr veranlasst, sich als attraktive Marke ihren eigenen (potenziellen) Arbeitnehmern gegenüber zu präsentieren. So sehr hat sich die Welt bereits verändert.

Personalabteilungen sehen in der Digitalisierung die Chance, wesentliche Prozesse zu automatisieren: Arbeitskräfte durch Überführung ihrer Lebensläufe und Kompetenzen in Datenpakete so zu quantifizieren, dass diese nach ihren individuellen Kompetenzen, Erfahrungen, Kapazitäten einschätzbar, einsetzbar und förderbar werden. Darin liegen Möglichkeiten der Schaffung passgenauer Stellenprofile oder auch Vorgaben für Kompetenzanforderungen bei externen Aufträgen. Allerdings können Störfaktoren im individuellen Kompetenzprofil eines potenziellen Arbeit- oder Auftragnehmers auch ebenso leicht ein Matching verhindern; Automatisierung und Digitalisierung macht die Personalauswahl weniger intuitiv und auch weniger an der jeweiligen kulturellen Passung orientiert. So erlangt

Arbeit durch die Digitalisierung erstmalig dieselbe Mobilität wie bislang nur das Kapital. Hoch qualifizierte Spezialisten erbringen im Rahmen von auftragsbezogener Projektarbeit notwendige Arbeitsleistungen von rund um die Welt – von Orten, wo sie leben oder leben wollen. Qualifikationen sind über Datenbündel global transparent und vergleichbar. Die räumliche Verortung des Leistungserbringers spielt damit in der digitalen Ökonomie keine maßgebliche Rolle mehr.

Führung und Menschenbild

Wenn Führung in Zeiten der Digitalisierung »Katzen hüten« heißt, dann kommt gleichsam noch verschärfend hinzu: Es sind nicht einmal unbedingt »die eigenen Katzen«. Als Führungskraft sieht man sich zunehmend dadurch herausgefordert, dass elementare Personalressourcen sich, was die Entscheidungsträger angeht, außerhalb der gewohnten Berichts- und Weisungsketten befinden – entweder, weil es sich um Mitarbeiter anderer Unternehmensbereiche oder (weit häufiger) um externe Spezialisten handelt. In ihrer Rolle als Interaktions- und Wertschöpfungspartner haben diese jedoch wesentlichen bis entscheidenden Einfluss auf die letztendliche Unternehmensleistung. Konfliktpotenzial liegt hier vor allem darin, dass der traditionelle Fokus vieler Führungskräfte noch nach innen – ins eigene Unternehmen, die eigene Abteilung, den eigenen, internen Bereich – gerichtet ist. Neuentwicklungen wie etwa die netzwerkorientierte Zusammenarbeit liegen außerhalb dieses traditionellen Fokus. Die Frage für viele Führungskräfte ist schlicht: Wo ansetzen?

Ein elementarer und weiterführender Ansatzpunkt ergibt sich aus dem Nachdenken über das Menschenbild, das dem Leiten und Führen jeweils zugrunde liegt. Nach McGregor lassen sich grundsätzlich zwei unterscheiden; diese aus umfangreichen Studien emittierten Menschenbilder hat er jeweils Führungskonzepten zugeordnet: Theorie X – autoritärer Führungsstil; Theorie Y – kooperativer Führungsstil (McGregor 1960). Autoritär versus kooperativ – das klingt erst einmal nach bekannten, gängigen Etiketten für übliche Schubladen, in die der eigene Führungsstil – mit dem jeweiligen Wissen um sozial Erwünschtes – schnell sortiert ist. Aber hier geht es tiefer: um eine ehrliche Betrachtung der dahinterstehenden Menschenbilder.

Nach Theorie X sind Menschen grundsätzlich extrinsisch motiviert; sie brauchen den äußeren Anreiz zur Leistungserbringung. Der »Dienst nach Vorschrift« ist ein typisches Resultat dieser Arbeitsweise. Der Theorie Y zufolge sind Menschen intrinsisch motiviert und wollen (von sich aus) etwas erreichen; sie sehen sich sowohl für ihre Arbeitsergebnisse als auch für ihr eigenes Wohlergehen in einer gewissen Eigenverantwortung. Laut McGregor ist das Menschenbild der Theorie X kein ursprüngliches, sondern ein erworbenes – hat allerdings, wenn einmal erworben, die Neigung, sich selbst, im Sinne eines Kreislaufs, wahrnehmungsmäßig zu verstärken.

Während Theorie X die Aufgabe einer Führungskraft darin sieht, Mitarbeitern Vorgaben zu machen und sie zu kontrollieren, ist es nach Theorie Y ihre Aufgabe, den Mitarbeitern zu dienen, sie in der eigenen Entfaltung zu unterstützen.

Das Interessante ist nun: Nahezu sämtliche modernen Managementmethoden basieren auf dem Menschenbild der Theorie Y – wonach Führen eben bedeutet: Mitarbeitenden zu dienen und sie in ihrer Entfaltung zu unterstützen. In den Unternehmen, in der betrieblichen Wirklichkeit ist das jedoch noch kaum angekommen.

Führung, Unternehmenskultur, Selbstverständlichkeiten
Das Konzept einer hierarchisch steuernden Führung steht mit der digitalen Transformation vor seinem Offenbarungseid. Führung braucht eine Innovation, weil Innovation Führung braucht. An die Stelle rigider Weisungs- und Berichtsketten tritt zunehmend die Impulskraft moderierter, sich selbst organisierender Netzwerke.

Jetzt höre ich viele sagen: »Das wird bei uns selbstverständlich schon lange so gelebt.« Doch stelle ich auch immer wieder fest, dass dem in Wirklichkeit nicht so ist. Es geht nicht darum, was explizites Ziel oder Wunschbild in einem Unternehmen ist, welches Unternehmensleitbild von einer klugen Arbeitsgruppe irgendwann einmal entwickelt wurde. Es geht immer darum, was real ist – was gelebt wird. Und so hat die digitale Transformation immer auch etwas mit der Unternehmenskultur zu tun. Unternehmenskultur definiert sich indes nicht nach den Wunschbildern in den Köpfen der Führungsriege, und nicht danach, was im Besprechungsraum als »Wandbild« hängt– sondern als die Summe der Selbstverständlichkeiten in einem Unternehmen; und das sind in erster Linie Selbstverständlichkeiten in der Leitung und Führung. Diese Selbstverständlichkeiten müssen sich ändern, wenn beispielsweise deutsche Unternehmen den internationalen Anschluss halten wollen.

Ein zentraler Begriff ist der des Netzwerks: Innerhalb des Unternehmens die Vernetzungsdichte zu steigern, ist wichtig; auch ist Netzwerkbildung zwischen Unternehmen eine gute Antwort auf Herausforderungen. Führung wird indirekter. Es geht weniger darum, Zielvereinbarungen zu formulieren und Kontrolle auszuüben, als mehr um die Gestaltung optimaler Rahmenbedingungen für Kooperationen und eben eine Netzwerkbildung der Mitarbeiter. Die – von vielen bedauerte – Abgabe von Machtbefugnissen gehört ebenso dazu wie die informationelle Transparenz. Führungskräfte sind gefordert, auf die Vereinbarung gemeinsamer Werte hinzuarbeiten, als Grundlage für eine Identifikation, die notwendige Solidarität und letztlich auch eine soziale Verantwortung.

Wenn sich Organisationsstrukturen von einer ursprünglich stark hierarchischen Form zu einer flachen, netzwerkorientierten wandeln, hat das Folgen besonders auch fürs mittlere Management. Denn diese Sandwich-Manager werden – wenn sie neben ihrer bisherigen Führungsrolle keine fachlich-inhaltliche Expertise aufweisen können – schlicht überflüssig. In einer digital unterstützten Kommunikation und Zusammenarbeit in horizontal organisierten Netzwerken wird es für jedes Mitglied (wieder) obligatorisch, auch inhaltlich seinen Beitrag zu liefern.

Wenn Leitung und Führung nicht mehr unbedingt auf Kontrolle hinauslaufen – dann heißt das allerdings nicht, dass insgesamt in Unternehmen der digitalen Wirtschaft grundsätzlich weniger kontrolliert würde. Vielfach werden aus Arbeitgeber- und auch aus Arbeitnehmersicht gerade die Kontrollmöglichkeiten für Unternehmen und Führungskräfte durch die zunehmende Digitalisierung der Arbeitswelt hervorgehoben. So bestehen etwa Optionen umfänglicher Aufzeichnungen und Dokumentationen der Arbeitsprozesse und -ergebnisse. Durchlaufzeiten in der Produktion werden beispielsweise messbar, Anzahl und Bearbeitungszeit von Vorgängen in der Verwaltung – Fehler können direkt auf Einzelpersonen der jeweiligen Schicht oder Position zurückgeführt, Anwesenheit wie auch Arbeitsdurchsatz überwacht und dokumentiert werden. – Diese umfassenden Möglichkeiten können eine Datengier auslösen. Doch allzu umfänglich dürften diese nicht auslebbar sein; dem wird der durch die Digitalisierung hervorgerufene Wandel im Arbeitgeber-/Arbeitnehmerverhältnis einen Riegel vorschieben. Die Machtverlagerung hin zum Mitarbeiter bedeutet hier: Unternehmen, die sich durch allzu großen Datenhunger auszeichnen, riskieren negative Konsequenzen – von schwindender Arbeitsmotivation beispielsweise bis hin zu unzureichender Attraktivität als Arbeitgeber; zumindest für gut ausgebildete Arbeitnehmer.

Agile Führung: eine Frage der Motivation

Dreh- und Angelpunkt zeitgemäßer Führung ist die Frage nach der Mitarbeitermotivation. Die Theorie Y, die Grundlage moderner Managementkonzepte, sieht hier prinzipiell nicht die extrinsische, sondern die intrinsische Motivation als wesentlichen Antrieb. Was heißt das konkret?

Betrachtet man die sogenannte Netzwerk-Generation, ist festzustellen: Primärer Antrieb ist nicht in erster Linie der finanzielle Anreiz, sondern es ist die empfundene Sinnhaftigkeit, die vor allem aus der Möglichkeit aktiver Mitwirkung an einem interessanten Projekt und der Wertschätzung der Community resultiert. Das basale Wertekorsett ist nicht: Fleiß und Gehorsam. Sondern: Erfahrung und Respekt – auf Augenhöhe. Aktive Mitwirkung, eigenverantwortliches Arbeiten, konstruktives Feedback statt kritischer Kontrolle. Die grundsätzliche Anforderung, die sich hieraus für die Führung ableitet, ist: Wertmaßstäbe gelingend zu leben und zu vermitteln.

Ein Konzept in diese Richtung ist das der »agilen Führung« von Foegen und Kaczmarek. Aus ihrer Sicht beruht agile Führung auf vier Prinzipien. Erstens: Man begreift sich als verpflichtet zur Selbstentwicklung, zum Vorleben der Prinzipien. Zweitens: Man investiert in die Weiterentwicklung der Anderen. So ist das Können der Mitarbeiter auch eine Messgröße für das Können der Führungskraft. Drittens: Man verschreibt sich der Weiterentwicklung der Organisation. Dazu gehören sowohl kontinuierliche Verbesserungen als auch Innovationen. Viertens: Man nimmt die Ausrichtung der Organisation und ihrer Mitglieder auf eine gemeinsame Vision und ein gemeinsames Ziel sehr ernst; jede (noch so kleine) Maßnahme und jede Veränderung wird als entsprechende Investition verstanden (Foegen/Kaczmarek 2016).

Selbstentwicklung, Selbstbestimmung, das persönliche Empfinden von Sinnhaftigkeit, die gegenseitige Wertschätzung und Förderung – all das sind in Zeiten digitaler Transformation Faktoren mit hohem Einfluss auf die Arbeitsmotivation. Es sind Werte, denen unternehmerische Leitung und Führung Rechnung zu tragen hat. Auch im Außen, in einer vernetzten Öffentlichkeit, bilden sich diese Werte ab: So wird ein Unternehmen nicht mehr nur nach seiner wirtschaftlichen Leistungsfähigkeit beurteilt, sondern zunehmend auch in seiner Rolle als gesellschaftlicher Akteur; neben Rendite ist auch die Reputation ein zentraler Maßstab guter Unternehmensführung in einer digitalen Wirtschaft. Langfristig ist davon auszugehen, dass die Digitalisierung zu einer stärkeren Demokratisierung in Unternehmen führt. Denn Informationstechnologie macht transparenter, was auf den Leitungs- und Führungsebenen geschieht, und ermöglicht beispielsweise Informationsrecherche in unternehmensexternen Quellen hinsichtlich Markt- und Unternehmensentwicklung. Mitbestimmung bei wichtigen Unternehmensentscheidungen wird so nicht nur gebahnt und denkbar, sondern zunehmend auch mitarbeiterseits gefordert.

Noch ein Wort zu Thema »Motivation, Anreiz, Belohnung«: Mit Blick auf die konkreten Tätigkeiten sehnen sich gerade diejenigen Arbeitnehmer nach Ablenkung und Belohnung, deren Arbeitsumfeld von hoher Standardisierung und Routine geprägt ist. Unternehmen sind gut beraten, gerade solche Tätigkeiten aufzuwerten – etwa durch digitale Effekte. Dazu zählt beispielsweise, was in Richtung Gamification und intuitive Bedienbarkeit zur Verfügung gestellter Tools geht – mit anderen Worten: was Arbeitsumgebungen in dieser Hinsicht einem virtuellen Spielfeld annähert.

Prinzipien zeitgemäßer Führung

Mit Fragen einer adäquaten Führungskultur in einer digitalen Welt und Wirtschaft befasst sich eine Vielzahl von Ansätzen – beispielsweise das »VOPA+-Modell« (Buhse 2014). VOPA+ steht für: Vernetzung, Offenheit, Partizipation, Agilität plus Vertrauen. Es ist ein agiles Führungsmodell, eingepasst in eine moderne Unternehmenskultur: erstens zielt Vernetzung auf die diversen bestehenden Kanäle aus sozialen Medien, virtuellen Communitys und kollektiver Intelligenz (Schwarmintelligenz) eines Unternehmens und seiner Mitarbeiter ab. Zweitens zeigt sich Offenheit in der aktiven Weitergabe und Bereitstellung von Informationen an alle. Denn auf diese Weise – und nur so – können alle relevanten Akteure konstruktiv an der Lösung von Problemen und der Entscheidungsfindung mitwirken. Drittens bedeutet Partizipation die aktive Einbindung aller Mitarbeiter in Prozesse und relevante Entscheidungen. Dafür benötigen Mitarbeiter abgestimmte Kompetenzbereiche mit definierten Aufgaben und klarer Verantwortung. Viertens lässt Agilität sich an einem veränderten Führungsstil ablesen. Mitarbeiter werden positiv bestärkt; sie sollen ihre individuellen Stärken ausspielen können; autonome Arbeit wird nicht nur ermöglicht, sondern auch gefördert. Oft geht hiermit eine entsprechende Fehlerkultur einher. Aus der Anwendung dieses Führungsverständnisses erwachsen für viele Unternehmen neue Verhaltensweisen: transparente Kommunikation, Gewährleistung offenen Zugangs zu Informationen, Teilen von Wissen, Ermöglichung von Zusammenarbeit über Teamgrenzen hinweg ebenso wie selbst gesteuertes Arbeiten, Förderung von Innovationen, Definition (und Überprüfung) von Zwischenzielen, Stärkung von Eigenverantwortung anstelle der Kontrolle von Anwesenheit und Arbeit.

Eine solche Führungskultur bedeutet aber beispielsweise auch: Abschied von der Präsenzkultur, hin zur ergebnisorientierten Führung; Abschied von der Fokussierung auf Kontrolle, hin zur Wertschätzung von (vor allem intrinsischer) Motivation; Abschied von starren Formationen, hin zu systemischen Denk- und Herangehensweisen. Für etablierte Führungskräfte wird eine große Herausforderung vor allem darin liegen, eine persönliche Bindung auch über unpersönliche technische Kanäle aufzubauen und zu erhalten.

Resümee: In Zeiten der digitalen Wirtschaft wandelt sich das Arbeiten selbst, das Verhältnis zur Arbeit und gegebenenfalls das Verhältnis zum Arbeitgeber. Das kann beispielsweise bedeuten: Althergebrachte Loyalitäten zum Unternehmen schwinden, vielleicht zugunsten von – möglicherweise allerdings eher kurzzeitiger – Begeisterung. Der Arbeit selbst kommt im Zuge des digitalen Wandels ein höherer Stellenwert zu: Freude an der Arbeit, Spielräume zur Entfaltung der eigenen Begabungen – das sind Forderungen, die mit einem gewandelten Arbeitsverständnis einhergehen. Unternehmen tun gut daran, das ausdrücklich zu ermöglichen. Ein weiteres Feld ist beispielsweise die Informationstransparenz. In Bezug auf Katzen lautet ein Bonmot: »Nicht der Mensch hält sich eine Katze, sondern die Katze hält sich einen Menschen.« Analog lässt sich – wobei natürlich jede Analogie an ihre Grenzen kommt – für die digitale Wirtschaft formulieren: Nicht Unternehmen haben Mitarbeiter, sondern Mitarbeiter haben Unternehmen.

Nicht: Unternehmen haben Mitarbeiter.

Sondern: Mitarbeiter haben Unternehmen.

Maxime 11: Vertiefe dein Verständnis von Mensch und Welt

»Die Welt verstehen nenne ich der Welt gewachsen sein.«

Oswald Spengler (1880 – 1936), deutscher Kultur- und Geschichtsphilosoph

Wir Menschen sind ein Stück weit, wie es heißt, Gewohnheitstiere: mögen das Bekannte, das Vertraute, und, ja, das uns Ähnliche. Bei Innovationen, bei Fremdem, bei Andersartigem bleiben wir gern erst einmal skeptisch, gehen auf Distanz, grenzen uns ab. Das war in der analogen Welt auch vergleichsweise gut möglich: Es bestand die reelle Chance, im eigenen (Parallel-)Universum – wie in einem Kokon – zu verweilen, zu leben, gar zu sterben.

Im Zuge der Digitalisierung kann sich auch in dieser Hinsicht Entscheidendes ändern: In der global city rücken einem eventuell Menschen näher, die ganz anders sind: ganz woanders auf dem Globus leben, ganz anders sozialisiert und anderen Glaubens sind, mit einer anderen Weltanschauung oder Weltsicht. Das kann jetzt auch am eigenen Arbeitsplatz der Fall sein. Die mit der Digitalisierung beispielsweise geschaffenen Möglichkeiten einer kollaborativen Wertschöpfung in Unternehmen bringen einander bislang fremde Menschen in einem bislang ungeahnten Ausmaß miteinander in Kontakt, und das gegebenenfalls rund um die Uhr.

Doch allein die Möglichkeit einer Kontaktaufnahmen garantiert keineswegs wechselseitiges Verständnis. So erleben wir beispielsweise bei einem kurzen Blick in die sozialen Medien, was passiert, wenn polarisierende Weltanschauungen in der digitalen Welt ungebremst aufeinanderprallen. Im besten Fall werden politische, gesellschaftliche oder religiöse Haltungen ebenso kontrovers diskutiert wie anderes auch – oftmals indes kommt es bedauerlicherweise lediglich zu heftigem Frontal-Aufprall. Die Digitalisierung schafft zwar immens mehr Kontaktmöglichkeiten; doch dass dadurch automatisch ein besseres Diskurs- und Diskussionsklima entstünde, lässt sich leider nicht sagen. Im Gegenteil. Und dazu tragen wir alle bei: nicht etwa lediglich diejenigen Zeitgenossen, die sich berufen fühlen, Extrempositionen zu vertreten und verkünden – auch der ganz normale Mitmensch leistet seinen Beitrag zu einer Nicht-Verständigung in der digitalen Welt; auch Gutmenschentum entschärft die Sache nur selten, im Gegenteil: Oft genug ist der Drang größer, per Kommentar »seinen Senf dazuzugeben«, als dass es tatsächlich um Austausch, Verständigung und Verstehen von Mensch und Welt ginge. So sind nicht nur Sprachfähigkeit, Sprachfertigkeit und auch Bildung notwendig, sondern ebenso ein Verstehenwollen.

Konstante Bezugsgruppen schwinden

»Was, immer noch im selben Job?« Im Berufsleben stehen heißt für viele heute: wiederholt eine neue Stelle antreten. Das gilt nicht nur für digitale Wanderarbeiter, sondern selbst hoch qualifizierte Angestellte wechseln alle vier bis sechs Jahre ihre Anstellung. Nur noch wenige Mitarbeiter bleiben von der Ausbildung bis zum Ende ihres Berufslebens im selben Unternehmen und derselben Fachabteilung; schon langjährige Zusammenarbeit wird zur Seltenheit. Gab es früher im Arbeitsleben vergleichsweise viel soziale Konstanz und Kontinuität und daraus resultierende Stabilität – der Kollegenkreis war ein wichtiger, auch Halt gebender sozialer Raum –, sind die Dinge heute viel mehr im Fluss.

Nicht zuletzt gewinnt man den Eindruck, dass durch die digitalen Karriereportale und social business communities – LinkedIn oder Xing – dieser Trend nochmals verstärkt wurde. Gleichen sie doch eher einer prahlerischen Zurschaustellung polierter Lebensläufe und Kompetenzsammlungen. Diese Transparenz beruflicher (Weiter-)Entwicklung in Form öffentlich einsehbarer Lebensläufe verstärkt möglicherweise den gefühlten Druck zum Jobwechsel. Wobei die Frage, inwieweit ein solcher tatsächlich der eigenen Charakter- und Kompetenzentwicklung förderlich ist, nur selten jemand offen und ehrlich stellt (und auch beantwortet).

Infolge dieser Entwicklungen ist die Arbeitswelt aber zunehmend davon geprägt, dass man mit wechselnden und vor allem mit verschiedensten Menschen zu tun hat: aus unterschiedlichen Generationen, Kulturen und Fachdisziplinen etwa, in unterschiedlichen Umfeldern, agilen Projektteams oder lose verteilten Arbeitsgruppen. Im Grunde ist mehr und mehr damit zu rechnen, sich – in einer zunehmend komplexen Welt – anderen Menschen gegenüber erklären, positionieren oder auch durchsetzen zu müssen, im Interesse produktiver, guter Kooperation.

Und dabei hat jeder auch die Möglichkeit, seinen eigenen Expertenstatus zu untermauern. Denn ein Experte manifestiert sich darin, in der Lage zu sein, Andersdenkende stilvoll wahrzunehmen, ihre Sicht der Dinge aufzugreifen und sowohl differenziert wie auch fragend und reflektierend in einen (Gesamt)Kontext zu stellen und dabei respektvoll zu bewerten. Expertentum zeugt somit auch von einem Verständnis von Mensch und Welt. Denn ein wirklicher Experte kann in einer Debatte eine über schlichten Meinungskonsum beziehungsweise deren Wiedergabe hinausgehende differenzierte Betrachtung durchführen und auf diese Weise Klarheit in komplexe Themenfelder und Probleme bringen; während er die eigene Position nicht leugnet oder unterlässt, diese begründet und unter transparenter Bezugnahme auf genutzten Quellen auszuführen. Als Experte sollte daher nur derjenige gesehen werden, der auch als solcher bereit ist, die Risiken für die eigene Haltung auf sich zu nehmen. Diese Definition geht damit allerdings weit über das hinaus, was viele zurzeit noch als Expertentum sehen; wo die Persönlichkeit des Emittenten zumeist um ein Vielfaches hinter dem Emittierten zurückbleibt. Und insbesondere sind »Bekanntheit« oder »Öffentlichkeit« nicht zwingend ein Zeichen für Expertise. Denn im digitalen Zeitalter, der damit verbundenen egomanischen Veröffentlichungspraxis und medialen Präsenzoptionen – auf Bühnen, Podcasts oder in Publikationen – lässt sich Bekanntheit leicht erzeugen. Expertise ist aber weiterhin Denk- und Fleißarbeit.

Gelingende Kooperation: Jeder ist mir »nah«

Wenden wir den Blick wieder in Unternehmen: Dort wird die Heterogenität insbesondere in Arbeitsgruppen oder Teams deutlich und sichtbar. Dort erkennt jeder, dass ein Verständnis von Unterschiedlichkeit förderlich für die Zusammenarbeit sein kann – und auch, wie dessen Fehlen die Kooperation behindert. In diesem Kontext ist gerade der Team-Begriff einen Gedanken wert: in der analogen Wirtschaft stetig gefördert und gefordert, doch, so Martin Ciesielski und Thomas Schutz, mit dem gegenteiligen Effekt, dass er heute in Organisationen vielfach geradezu negativ konnotiert oder regelrecht »verbrannt« ist (Cieselski/Schutz 2016, 66). Insofern lohnt es, mit Blick auf die digitale Transformation, den Team-Begriff nicht einfach unreflektiert weiter zu nutzen, sondern zu hinterfragen: Wie sieht ein zeitgemäßes Verständnis dieses Begriffs aus? Was kennzeichnet heute und künftig idealiter ein Team?

Ein erstes Merkmal ist die Größe: Eine ideale Teamgröße in der digitalen Welt ergibt die »Two-Pizza-Regel«, wonach zwei Pizzen ausreichen müssen, um das Team satt zu bekommen (Stone 2013). Nun gibt es sehr unterschiedliche Pizza-Formate; umgerechnet hat ein Team nach dieser Regel maximal etwa zehn bis zwölf Mitglieder. Ein zweiter Aspekt ist das Selbstverständnis der Zusammenarbeitenden: Als Alternative zum aktuell nicht mehr rundum tauglich scheinenden Begriff »Team« gilt der Begriff »Ensemble«. Das Wörterbuch erklärt uns diesen Begriff mit: »Gesamtheit; alle Mitspielenden eines Theaterstückes; Gemeinschaft von Künstlern, die zusammenspielen oder musizieren, ohne dass einer als Star hervortritt« (Wahrig 2011, 447). Der Begriff betont – schon von seinem französischen Wortstamm her – das Gemeinsame, bei gleichzeitiger Heterogenität: wie eben beispielsweise in einem Theaterstück. Und der Begriff unterstreicht schließlich den Gedanken, dass als Ergebnis des gemeinsamen Schaffens etwas neues Ganzes, ein Werk entsteht. Starke Ensembles leben nicht nur von der Brillanz (anstelle von Perfektion) des Einzelnen, sondern vom Einsatz dieser im Sinne des Ganzen. So beleuchtet also der Begriff »Ensemble«, was Zusammenarbeit im Zuge des digitalen Wandels ausmachen könnte: Die Unterschiedlichkeit der Einzelnen kann stehen gelassen werden, und gleichwohl sind alle aufs selbe (gemeinsame) Ziel verpflichtet.

Digitale Kommunikationstechnologien ermöglichen Zusammenarbeit mittlerweile auch effizient über Länder- und Kontinentgrenzen hinweg. Auf diese Weise steht Unternehmen ein größerer Talentpool als früher zur Verfügung; innovative Ideen können durch diverse Teams, aus verschiedensten Blickwinkeln betrachtet werden. Dabei sind die jeweiligen Distanzen real tatsächlich gar nicht wirklich groß, jedenfalls in einem bestimmten, zwischenmenschlichen Sinne – eine Erkenntnis, die auch die Zusammenarbeit fördern kann: Nach der Theorie der »six degrees of separation« von Stanley Milgram ist jeder Mensch von jedem beliebigen anderen Menschen nur sechs Handschläge entfernt. Es ist eine faszinierende und leicht nachweisbare Theorie; sie gilt für den chinesischen Reisbauern wie für einen Obstbauern am Niederrhein: Beide sind nur sechs Handschläge voneinander entfernt. Diese Kleine-Welt-Theorie war lange Zeit wenig beachtet, denn: Für den Alltag spielte sie keine Rolle. Das ändert sich mit der Digitalisierung; mittels der sozialen Netzwerke beispielsweise wird die kleine Sechs-Handschlag-Welt nun sichtbar. Für Unternehmen – etwa den Vertrieb – ergeben sich daraus völlig neue Ansatzmöglichkeiten; so können zum Beispiel die »schnellsten« Kontaktpfade zu einem potenziellen Ansprechpartner auf Kundenseite gefunden werden. Was in die eine Richtung funktioniert, klappt gleichermaßen umgekehrt: Nie war es einfacher, Referenzen zu prüfen oder auch Fehlverhalten abzustrafen.

Unterschiedlichkeit als Chance

Unsere gleichzeitig große und durch die Digitalisierung auch kleine Welt beherbergt eine Vielfalt an Kulturen. Sie unterscheiden sich anhand einer Vielzahl von Merkmalen wie beispielsweise – um Aspekte zu nennen, die im Arbeitsleben eine Rolle spielen – der Machtdistanz zwischen Führungskräften und Mitarbeitern oder der allgemeinen Leistungs- beziehungsweise Sozialorientierung. So kann das Äußern von Kritik beispielsweise von Angehörigen einer Kultur als wichtig und notwendig angesehen, von denen einer anderen hingegen als verletzend oder unsensibel empfunden werden (Javidan/House 2001). Unterschiede wie diese können insbesondere beim Zusammentreffen von Menschen unterschiedlicher Kulturkreise eine Rolle spielen; andererseits sind vergleichbare Differenzen aber auch schon dort von Belang, wo Menschen unterschiedlicher regionaler oder insbesondere auch verschiedener Unternehmenskulturen miteinander zu tun haben. Es braucht in der digitalen Wirtschaft, die zunehmend von unternehmens- oder ländergrenzenüberschreitender Kooperation geprägt ist, Sensibilität und Gewahrsein dieser Heterogenitäten.

Gerade mit Blick auf internationale Zusammenarbeit kann für eine gelingende Verständigung Fremdsprachenkenntnis mitunter sehr wertvoll sein. Denn auch in einer digitalen Welt bedeutet Kommunikation: die Verbindung von (mindestens) zwei Menschen. Technologie mag dabei zuweilen als Trägermedium dienen – doch die Live-Kommunikation wird auch künftig die bedeutendere Rolle spielen, und überlappende Sprachkenntnisse ermöglichen eine über oberflächliche Verständigung hinausgehende Verbindung zwischen den Kommunikationspartnern. Und überdies kann die Kenntnis der fremden Sprache die interkulturelle Kompetenz fördern. Last, not least: Um Unterschiedlichkeit als Chance wahrnehmen zu können, ist hilfreich – und zuweilen gar notwendig –, über eine realistische Selbsteinschätzung zu verfügen. Selbstreflexion, Selbstkenntnis oder auch Selbsterkenntnis in diesem Sinn ist tatsächlich die Basis sowohl sozialer als auch interkultureller Kompetenz; ohne sie hilft auch der unentwegte Run auf Konfliktmanagementseminare und das Erlernen von Argumentationstechniken und Ähnlichem nicht wirklich. Ein weiteres wertvolles Gut im kompetenten Miteinander ist die Empathie: Sie kann helfen, Personen und Handlungen geeignet einzuordnen und so zwischenmenschlich nicht ständig (gefühlt) gegen Wände zu laufen.

Resümee: Die Digitalisierung fordert uns heraus, der Unterschiedlichkeit zu begegnen – was gelernt sein will. Denn sie ermöglicht nicht nur, sondern forciert die Begegnung und Interaktion verschiedenster Menschen, aus unterschiedlichsten Gesellschaftsschichten, Kulturkreisen, Weltregionen. Für die Wirtschafts- und Arbeitswelt heißt das beispielsweise, dass Menschen, die früher nie miteinander in Berührung gekommen wären, treffen nun aufeinander: etwa in wechselnder Zusammensetzung von agilen Projektteams oder losen verteilten Arbeitsgruppen. Unterschiedliche religiöse und politische Weltanschauungen ebenso wie Arbeitsphilosophien und -einstellungen können aufeinanderprallen. Je mehr man sein eigenes Wissen um, und Verständnis für Menschen in ihrer Unterschiedlichkeit vertieft, der Unterschiedlichkeit zu begegnen lernt, desto geringer wird die Gefahr, sich daran aufzureiben.

Maxime 12: Lass dich darauf ein

»Es gibt keine Tabula rasa. Wie Schiffer sind wir, die ihr Schiff auf offener See umbauen müssen, ohne es jemals in einem Dock zerlegen und aus besten Bestandteilen neu errichten zu können.«

Otto Neurath (1882 – 1945); österreichischer Nationalökonom

Es mag in gewisser Weise trivial sein, doch andererseits eben auch nicht: Von der Digitalisierung hat man in erster Linie dann etwas, wenn man tatsächlich aktiv an ihr partizipiert. Soll heißen: Man wird vermutlich momentan kein zweites Thema finden, über das sich aus unternehmerischer Sicht so trefflich diskutieren und eine solche Vielfalt an Erwägungen anstellen lässt, deren Bilanz im Grunde indes – gleichgültig, wie man es dreht und wendet – lautet: Mach es!

Abwarten und Teetrinken, Zuschauen oder Wegducken – gelegentlich funktioniert das. Im Falle des digitalen Wandels mag vieles unsicher sein; ganz sicher ist indes eines: Abwarten, Tee trinken und ähnliche »Aussitzstrategien« sind tatsächlich sinnlos bis schädlich. Es handelt sich hier nicht um eine Welle, die abebben wird; nicht um einen Hype, der wieder vergehen wird. Es handelt sich um eine Transformation, die nicht erst morgen beginnt, sondern längst im Gange ist. Wir alle sind bereits von ihr erfasst, mittendrin, schon lange. Die Frage ist nicht, ob wir dabei sind. Die Frage ist lediglich: wie. Ob passiv den Entwicklungen ausgesetzt, oder aktiv, gestaltend, reflektiert-aufgeklärt partizipierend.

Ein strategisches Zögern zur Orientierung an anderen – natürlich erfolgreichen – Unternehmen mag in dieser Situation für viele Entscheider eine attraktive Handlungsoption sein. Statt selbst einen Weg zu suchen, Orientierung an anderen. Daraus entsteht dann meist der Ruf nach Benchmarks zur Einordnung und Bewertung der jeweiligen Digitalisierungsbestrebungen. So sollen Aufwand und Ergebnis objektiviert und vergleichbar werden. Doch Benchmarks sind grundsätzlich nur in stabilen Umfeldern sinnvoll. Sie orientieren sich als Erfahrungswerte an der Vergangenheit oder höchstens der Gegenwart. So ist schnell klar: Eine Umsetzung von auf diese Weise ermittelten Best Practices dauert aufgrund notwendiger Implementierungszeiten zu lange und führt in digitalen Marktumfeldern schließlich dazu, dass erwartete Vorteile durch zwischenzeitlich fortschreitende disruptive Marktveränderungen gar nicht mehr zum Tragen kommen. Benchmarks und strategisches Zögern sind durch ihre Vergangenheitsorientierung als strategische Richtungsgeber schlicht ungeeignet.

Auch wenn es nach Plattitüde klingt: Der Wandel als Dauerzustand lässt sich ebenso wenig wegreden wie eine fortschreitende Digitalisierung in der Wirtschaft. Die entstehenden Chancen und Möglichkeiten können ergriffen werden – oder auch nicht. Es mangelt oftmals nicht an Benchmarking oder Best Practices, sondern nur an einer Entscheidung. Ein guter Nährboden dafür ist etwa eine technikoptimistische Aufbruchsstimmung. Doch die hat nun einmal nicht jeder. Stattdessen vielleicht Skepsis.

Skepsis ist nichts Schlechtes, im Gegenteil. Dem Wortursprung nach ist gemeint: sehen, betrachten, überlegen. Ursprünglich ging es darum, etwas von allen Seiten zu untersuchen, um durch diese Beschäftigung zum

Kundigen zu werden. Ein Kundiger hatte erforscht und gründlich nach-gedacht. Ein Kundiger zu sein, ist immer gut – vor allem sicherlich auch im Umgang mit der Digitalisierung und daraus folgenden Entwicklungen. Kundigkeit bedeutet: selbst denken. Es ist eine Haltung, aus der heraus Argumente – für und wider – geprüft werden: Wer argumentiert hier? Aus welchem Interesse heraus? So können sich Argumente gegen eine digita-le Transformation bei genauerem Hinsehen – bei Anwendung der Skepsis – etwa als klassische Pfründe-Sicherung entpuppen: als das Ergebnis des Strebens erfolgreicher Unternehmen, die eigenen Produkte und Dienstleis-tungen gegenüber neuen Technologien zu verteidigen, sobald diese das bestehende Business-Modell angreifen (Scheer 2016). Es ist eine ähnliche Argumentationsrichtung, wie sie auch die Großen der digitalen Wirtschaft insbesondere dort verfolgen, wo sie etwa plakativ für »offene Systeme« plädieren, tatsächlich aber in erster Linie daran interessiert sind, ihre eige-nen Standards weltweit durchzusetzen und auf diese Weise geschlossene Systeme zu entwickeln – effektiv also nur so lange an offenen Systemen interessiert, solange diese Offenheit sich in einer Welt abspielt, die sie selbst beherrschen (Wilkens 2015).

Wichtig ist: Skepsis ist nicht dasselbe wie Nichtstun. Letzteres ist in die-sem Fall der digitalen Transformation keine geeignete Handlungsoption. Diese Strategie eines noch nicht entschiedenen Abwartens führt zu unter-nehmerischem Stillstand, der letztlich – und das nicht erst übermorgen oder morgen, sondern schon heute – nur einem hilft: dem Wettbewerb. Deshalb besagt diese letzte Maxime: Lass dich – ruhig skeptisch, wohlüber-legt – drauf ein; den Blick weitend, vom Fokus »Tagesgeschäft« lösend, auf mittel- und langfristige Zielhorizonte schauend.

Resümee: Mach dich gern kundig, sei ruhig skeptisch – aber sei aktiv. Steh nicht untätig am Spielfeldrand. Spiel mit!

Wer Benchmarks säht, wird nur Best Practices ernten.

Zwölf Maximen ...

Wenn die Digitalisierung ein mehr oder weniger turbulentes Gewässer ist – was taugt dann als Orientierung und Halt? Das war meine Frage.

Meine Überlegungen gingen zunächst einmal davon aus: Als der Halt schlechthin – wenn um einen herum die Dinge im Umbruch sind – kann das eigene Denken gelten. Hier anzusetzen, erfahre ich immer wieder in meiner täglichen Arbeit, als hilfreichsten Zugang überhaupt. Weichenstellend sind dann etwa Fragen wie: In welchen Kategorien denken wir? Wo liegen unsere Prioritäten? Was begreifen wir als selbstverständlich? Dahinter steht als generelle Frage, die nach den jeweiligen Denkmustern. Dem nachzugehen hat mich interessiert. Denn hier ist man am entscheidenden Punkt: Aus ihnen entwickeln sich – ganz automatisch – Haltungen und Handlungen. Meine Erfahrungen damit im Kontext der Digitalisierung habe ich als Maximen formuliert – vorschlagsweise. Grundgedanken und ihre Konkretisierbarkeit, ihr mögliches Gerinnen eben in Haltungen und Handlungen – darum ging es mir bei den Maximen.

Kurzer Rückblick

Erstens: Angefangen habe ich mit etwas, das mir in meinem Arbeitsalltag immer wieder als Basics deutlich wird; man kann hier auch von Skills sprechen, oder, anders betrachtet, von Werten. Mein Vorschlag geht hier dahin, namentlich einiges von dem zu kultivieren und zu pflegen, das wir mit der Digitalisierung vorschnell zu entsorgen Gefahr laufen – nach der Devise: »Das brauchen wir jetzt nicht mehr!« Fleiß beispielsweise. Zeigen nicht gerade die erfolgreichsten Internet-Start-ups, dass Erfolg heute anders geht? Das täuscht, sage ich. Das deutsche Wort »Fleiß« steht für eine Art von Mischtugend, von der wir heute womöglich mehr denn je profitieren: ein

Bündel von Formen des In-der-Welt-Seins – die Verbindung von Tatkraft und Zielausrichtung – »beharrliches Streben nach einem Ziel, mit Eifer und Sorgfalt«. Wenn wir diese Mischtugend wertschätzen und trainieren, sind wir gut aufgestellt – sagen uns nicht nur Flow-Theoretiker, sondern zuallererst sagt uns das unsere eigene Erfahrung: Im eigenen Tun aufgehen, tut in jeder Hinsicht gut. Vergleichbares gilt für Bildung – ein Kompetenzbündel, ein ganz persönliches, jedem Menschen ureigenstes »Intranet«, das auf eine Art verlässlich, produktiv, erfolgssichernd ist, wie sie jeder erfolgreichen Partizipation an der Digitalisierung zuallererst zugrunde liegt.

Zweitens: Verdankt ist die Digitalisierung gewissermaßen der Informatik – englisch: computer science –, der Wissenschaft von der Informationsverarbeitung. Mein Vorschlag: sich diesen Bereich – wo er nun einmal Gegenwart und Zukunft in zunehmendem Maße prägen wird – daraufhin genauer anzuschauen, wie sich von ihm profitieren lässt. In der Öffentlichkeit wird so etwas häufig und dümmlich verkürzt auf »Programmieren lernen« – doch es geht bei informatischem Denken um teils ganz anderes, viel Weitreichenderes: ob technologisch, gesellschaftlich-kulturell oder anwenderbezogen – ob Netzwerke, Google-Filter-Bubble oder das eigene Smartphone.

Drittens: Lernen lernen! Das ist leicht gesagt und klingt gut. Tatsächlich hat die entscheidende Geisteshaltung aber mit etwas zu tun, das zunächst einmal nicht wirklich attraktiv klingt: Fehler machen! Nicht das perfekte Produkt entwickeln wollen, sondern: klein anfangen, Erfahrungen sammeln, besser werden ... Anders gesagt: build, measure, learn – bauen, messen, lernen. Hier geht es definitiv um einen grundsätzlichen Geisteswandel – denn die meisten von uns haben sie quasi mit der Muttermilch aufgesogen: die tiefe Überzeugung, Fehler seien »fehl am Platze«. Dass das so nicht stimmt? Dass es oft genau anders herum funktioniert – eben als »Lernen durch Fehlschlag« oder auch: »aus Fehlern und mit Fehlern lernen«? In dieser Hinsicht können wir faktisch erstens von den ganz Großen der Digitalisierung, Google, Apple & Co., lernen; und zweitens von der

Informatik, und drittens durch die schlichte Beobachtung dessen, wie natürliche Lernprozesse realiter ablaufen: Da wird klein angefangen, da wird mit Versuch und Irrtum gearbeitet, da werden Fehler nicht nur toleriert, sondern fungieren als Grundbedingung für Erfolg.

Viertens: Vereinfachung! Auch das ist leichter gesagt als begriffen – vor allem in Bezug auf die digitale Transformation. Sie macht die Vereinfachung vor, sie erfordert sie, sie ermöglicht sie – und gleichzeitig lädt sie zu größten diesbezüglichen Missverständnissen ein. Denn sie ersetzt sie nicht. Eine gute, erfolgreiche Partizipation am digitalen Wandel bedeutet: Zunächst wird das reale Geschehen betrachtet, werden etwa Unternehmensprozesse und -strukturen überprüft, wird vereinfacht, konzentriert, fokussiert. Und erst dann, so aufgestellt, wird digitalisiert – was dank der Bandbreite an innovativen Instrumenten mit genuiner Effizienz- und Wertschöpfungssteigerung einhergehen kann.

Fünftens: Digitale Transformation hat zuallererst mit einem zu tun: mit einem Mehr an Kommunikation und Information; und für beides steht, archetypisch, eines: die menschliche Sprache. Sie liegt allem Denken und aller Verständigung zuallererst zugrunde – und sie wandelt sich im Zuge der momentanen Umbrüche. Gehört sie zu den Verlierern? Weicht der Reichtum, die Vielfältigkeit des gesprochenen und geschriebenen Wortes dem WhatsApp-Chat? Manchmal beschleicht einen der Verdacht; vieles an sprachlicher Kommunikation scheint auf den ersten Blick ausschließlich auf Ärgernisse wie Sprachverarmung, Verdummung und Boulevardisierung hinauszulaufen. Manches indes ist, jedenfalls laut Sprachwissenschaft, etwas komplexer. Tatsächlich lädt wohl keine menschliche Errungenschaft so sehr wie die Sprache dazu ein, über Verständigung nachzudenken und sie zu gestalten, gerade auch mit Blick auf das Entwickeln eigener Haltungen, Herangehens- und Umgangsweisen; ist Sprache doch nicht nur Medium der Verständigung, sondern gerade auch Medium der Selbstverständigung – und als solches heute und künftig mutmaßlich wertvoller denn je.

Sechstens: Den Begriff der Antifragilität hat Nassim Taleb 2013 in die Diskussionen um den rapiden Wandel unserer Welt eingebracht. Sein Grundgedanke: Während die meisten traditionellen Sichtweisen auf unsere Welt von Linearität – von klassischen Kausalketten – ausgehen, haben wir es im Zuge des informationswirtschaftlichen Wandels vermehrt mit Nichtlinearität zu tun. Das heißt: Ursachen und Wirkungen stehen in unproportionalen, unberechen- und unprognostizierbaren Zusammenhängen; winzige Ursachen können große und gänzlich unerwartete Wirkungen haben. – Mit diesem Wandel unserer Welt in Richtung Nichtlinearität gilt es umzugehen, und das heißt idealiter: darüber nachzudenken, wie sich das Leben – privat, beruflich, unternehmerisch, individuell und organisational – antifragil gestalten lässt. Wie lässt sich aus der Not eine Tugend machen? Wie schafft man es, jähen Veränderungen, Unberechenbarkeiten und Störungen nicht nur standzuhalten, sondern an ihnen zu wachsen, sie zu Stärken umzumünzen?

Siebtens: Der digitale Wandel geht mit einer unermesslichen Fülle an neuen Möglichkeiten einher. Wenn wir darüber nachdenken, wie wir diesen Reichtum für uns optimal nutzen – dann sollte uns stets auch eine Kehrseite des Überlegens wert sein: All diese Möglichkeiten bieten sich auch jenen, die es mit uns eben nicht etwa gut meinen, sondern ganz andere Ziele verfolgen. Ob privat oder geschäftlich – Cyber-Kriminalität ist etwas, womit zu rechnen ist; diesem Sachverhalt ist zu begegnen. Stichworte: Aufmerksamkeit, Wachsamkeit, Übung in realitätsgetreuer Risikoabschätzung.

Achtens: Der aus der Informatik stammende Begriff der Agilität steht für eine bestimmte, zeitgemäße Orientierung unternehmerischen Handelns: für die Ausrichtung auf Reaktionsfähigkeit und Wendigkeit statt der traditionell eher gesuchten Stabilität und Sicherheit. Eine solche Beweglichkeit braucht es heute und künftig – aber, und das ist der springende Punkt, den es stets neu mitzudenken gilt: Grundsätzlich ist überlebens- und erfolgssichernd ein Gleichgewicht aus beidem: Stabilität und Bewegung, Sicherheit und Freiraum – etwa Kostenbewusstsein/-sicherheit und Wagemut. Es ist ein elementares, stets neu auszutarierendes Gleichgewicht.

Neuntens: Dass es beim digitalen Wandel um Innovation geht, ist selbstverständlich. Für die eigene Haltung und Handlung spannende und auch grundlegende Fragen sind: Welche Art von Innovation? Wann ist eine Innovation eine Innovation? Wo ansetzen? Hat man hier eine Wahl – und wenn ja, welche? In gewisser Weise hat man hier zunächst einmal keine Wahl: Die Digitalisierung geht mit einer ganz eindeutigen Priorisierung einher: Es geht in erster Linie stets und unbedingt um das sogenannte Frontend, die Kundenschnittstellen. Der erste Ansatzpunkt, das erste Einfallstor für Innovationen ist, aus dieser Sicht, stets: das Kundenbedürfnis – das Sich-in-die-Kundenperspektive-Hineinversetzen, -Einfühlen, -Verstehen. Diese Fokussierung auf den Kunden, die entsprechenden Entwicklungssettings und mehr – das gilt es zu durchdenken unter der Headline Innovation.

Zehntens: Was bedeutet der digitale Wandel für das Miteinander in Unternehmen – für das Arbeitgeber-/Arbeitnehmerverhältnis, für die Mitarbeiterführung? Sich hier taugliche, weiterführende Fragen zu stellen, heißt: nach dem zugrunde liegenden Menschenbild zu fragen, und von dort aus weiter zu denken in Richtung Motivation, Mitarbeiterführung, gelebte Unternehmenskultur.

Elftens: Eine ganz grundsätzlich hilfreiche Haltung gegenüber dem, was uns die Digitalisierung in Privat- wie Arbeitsleben zu bescheren vermag, resultiert aus dem Wissen um all die Unterschiedlichkeiten, mit denen wir zunehmend – in global village und global city – in Berührung kommen. Je mehr wir uns dieser Unterschiedlichkeiten bewusst sind, je mehr wir unser Wissen darum und unser Verständnis für Menschen in ihrer Unterschiedlichkeit vertiefen und dieser Unterschiedlichkeit zu begegnen lernen, desto besser laufen die Dinge für uns.

Die zwölf Maximen

Maxime 1	Sei fleißig, sei gebildet
Maxime 2	Werde zum Teilzeit-Informatiker
Maxime 3	Lerne, zu lernen
Maxime 4	Vereinfache
Maxime 5	Nimm deine Sprache ernst
Maxime 6	Bilde Antifragilität aus
Maxime 7	Erlange Sicherheitskompetenz
Maxime 8	Suche ein Gleichgewicht zwischen Agilität und Stabilität
Maxime 9	Differenziere bei Innovation
Maxime 10	Führen heißt: »Katzen hüten«
Maxime 11	Vertiefe dein Verständnis von Mensch und Welt
Maxime 12	Lass dich drauf ein

Zwölftens: Etwas in gewisser Hinsicht Schlichtes – in anderer Hinsicht indes nicht – spreche ich schließlich mit meiner letzten Maxime an: Von der Digitalisierung hat man in erster Linie dann etwas, wenn man tatsächlich aktiv wird. Denn an dem Punkt entscheidet sich realiter, ob man in Bezug auf das Unausweichliche Gestalter oder Getriebener ist. Credo: Denk nach, mach dich kundig, entwickle für dich und dein Unternehmen Prinzipien, Maximen, Haltungen – und handle. Steh nicht untätig am Spielfeldrand. Spiel mit!

Gemeinsamer Nenner?

Wenn ich die Maximen betrachte, stelle ich fest: Es ist eine recht wilde Mischung. Sie reicht von ganz persönlichen Skills, Kompetenzen, Lebenseinstellungen, bis hin zu Fragen der organisationalen Aufstellung und Ausrichtung und Konzeptionen aus der aktuellen Entrepreneurship-Forschung. Eine Vielfalt an Ansatzpunkten, eine Vielfalt an Stoßrichtungen.

Ihnen gemeinsam ist erstens, dass sie die Aufmerksamkeit durchgängig darauf lenken, was man selbst in der Hand hat: auf das jeweilige eigene Denken und potenziell daraus Resultierendes. Sie wollen ermöglichen, auf das jeweils Eigene zu reflektieren: die eigenen Einstellungen, Überlegungen, Haltungen, Selbstverständlichkeiten, die eigenen Potenziale, die eigenen Wirkmöglichkeiten. Sie wollen nicht vorschreiben, nicht lehren, keine Checkliste sein, sondern Überlegungen anstoßen, und, darüber, ermächtigen. Allem gefühlten Handlungsdruck der digitalen Welt zum Trotz geben sie sozusagen das Zepter jedem Leser in die eigene Hand.

Ihnen gemeinsam ist zweitens, was man als Universalität oder auch Transferierbarkeit bezeichnen könnte: Ob Lernfähigkeit oder Bildung, Agilität oder Antifragilität, Weltwissen oder Führungskompetenz – jeder dieser Punkte lädt ein, weiter zu denken: die Ebene oder die Perspektive zu wechseln. Lernfähigkeit oder Antifragilität beispielsweise sind sowohl in individueller als auch in organisationaler Hinsicht Ansatzpunkte für Reflexion und Entwicklung in Richtung »erfolgreiche Teilhabe am digitalen Wandel«.

Drittens ist ihnen gemeinsam: Sie zaubern keine Kaninchen aus dem Hut. Wenn »Digitalisierung« allerorten nicht ungern übersetzt wird mit: »Alles muss neu …«, dann eint diese Maximen demgegenüber eine gewisse Relativierung und Erdung: Die digitale Wirtschaft bringt keineswegs ausschließlich »Neues« mit sich. Eine Erkenntnis, die möglicherweise entspannt – macht sie die Transformation doch schaffbar. Zugleich auch eine Erkenntnis, die in Verantwortung stellt. Denn so gesehen wird Bestehendes bewahrenswert, kultivierenswert, schützenswert. Ob auf individueller Ebene, beispielsweise durch achtsam-bewussten Umgang mit dem ureigenen »Intranet«, der eigenen Bildung, Konzentrations- und Sprachfähigkeit; ob auf gesellschaftlicher Ebene, durch Hege und Pflege von Diskursfähigkeit und demokratisch-wertschätzendem Miteinander. Persönlich bewegen wir uns sicherlich mehr und mehr in Ambivalenzen; gesellschaftlich zudem zunehmend in einem Spannungsfeld, das gleichzeitig Offenheit und Risikobewusstsein fordert.

Gemeinsam ist den Maximen schließlich viertens: Sie deklinieren das Fokussieren durch – sei es der Fokus auf die eigenen Kompetenzen, auf Kunden, oder schlichtweg auf Veränderung. Und auch hier tut sich wieder ein Spannungsfeld auf: Fokussieren, ja. Doch gleichzeitig den Blick stets auch schweifen lassen: Eventualitäten auf dem Schirm haben, und, mehr noch: mit dem Unerwartbaren rechnen. Es gilt, die Fragilität der Märkte, Produktentwicklungen und unternehmerischen Aktivitäten ebenso wahrzunehmen wie die Realität zerbrechlicher privater und gesellschaftlicher Kontexte.

Fokussierung ist heute und künftig in verschiedensten Hinsichten lebenswichtig. Die Versuchung, alles zu wollen – und dabei nichts lassen zu können –, ist in der digitalen Welt realer als je zuvor. Wie Unternehmen zuweilen die digitale Transformation eben »auch« – im Sinne von »zusätzlich« – wollen, »um diesen Trend noch mitzunehmen«. Aber: Es ist kein Trend. Es ist ein fundamentaler Wandel, der es verdient, dass wir uns, unsere Kraft, sammeln, Klarheit gewinnen, um aus dieser Klarheit heraus ins Handeln zu kommen.

Ja, die Maximen sind, in gewisser Hinsicht, eine »wilde Mischung«. Gibt es eine interne Rangfolge? Tatsächlich beginne ich – Maxime Nr. 1 – mit etwas, das mir sehr am Herzen liegt. Und unzweifelhaft mündet das Ganze – Maxime Nr. 12 – in einer Art von finalem »Aufruf zum Mitmachen«. Doch ansonsten möchte ich eigentlich auch in dieser Hinsicht einladen, selbst Überlegungen anzustellen: Welche Reihen- beziehungsweise Rangfolge scheint Ihnen als Leser wichtig und richtig? Warum? Ich selbst habe beim Schreiben des Buches immer wieder mal mit der Reihenfolge der Maximen gespielt – verschiedene Konfigurationen durchgespielt –, und das immer wieder auch als Anstiftung zu weiteren eigenen Gedankengängen erlebt.

4.
Jenseits vom Business: Digitalisierung, Gesellschaft und Individuum

»Erst wenn die Ebbe kommt, sieht man, wer nackt schwimmt.«

Warren Buffett (*1930); US-amerikanischer Großinvestor, Unternehmer und Mäzen

Die Wirtschaft prägt die Gesellschaft und umgekehrt. So ist auch die Digitalisierung kein auf die Businesssphäre begrenztes Geschehen. Es hat Auswirkungen auf Gesellschaft und Privatleben. Hinzu kommt – im Unterschied zu anderen wirtschaftlichen Entwicklungen – dass es sich um ein weltweites Geschehen handelt. Die Auswirkungen und damit verbundenen Handlungsfelder auf gesellschaftlicher Ebene zu betrachten, lohnt – nicht nur, weil diese sich letztlich auch in der unternehmerischen Umwelt widerspiegeln. Denn die Frage nach dem Digitalen im Unternehmen kann nicht losgelöst von der Frage nach dem Digitalen in der Gesellschaft und bezogen auf das Selbst – die individuelle Ebene – gestellt und beantwortet werden.

Die Arbeitswelt: Werte, Wirtschaft, Wirklichkeiten

»Denken ist die schwerste Arbeit, die es gibt. Das ist wahrscheinlich auch der Grund, dass sich so wenige Leute damit beschäftigen.«

Henry Ford (1863–1947); Gründer des Automobilherstellers Ford Motor Company

Die deutsche Sicht auf Erwerbstätigkeit – eine klassische Prägung ist hier die protestantische Arbeitsethik: Der Mensch ist geboren als freies, eigenverantwortliches Wesen, und zu seinem Leben gehört die Arbeit – nicht als Last, sondern als von Gott gewollter Lebensinhalt. Max Weber sah diese Ethik als eine Art »Mutterboden« für den Siegeszug des Kapitalismus als Wirtschaftsform. Aus dieser Sicht wird der Lohn, der Erfolg sich einstellen, wenn man sein Leben auf beruflichem Fleiß, Sparsamkeit und Sittenstrenge gründet. Vor allem Frühkapitalismus und industrielle Revolution zeugen von dieser Geisteshaltung; und ihre Spuren lassen sich weiter verfolgen: über die Jahrhunderte, die zivilisatorischen, gesellschaftlichen, ökonomischen und technologischen Errungenschaften, bis hin zum historisch bei-spiellosen Massenwohlstand in vielen Ländern – trotz verheerender Kriege und Wirtschaftskrisen. Aus dieser Perspektive kann der Kapitalismus – das mag jetzt überraschen – seinem Ursprung nach als »Wirtschaftsform des Gebens« verstanden werden: Der Kapitalist ist dazu aufgerufen, auf eige-nes Risiko von seinem erwirtschafteten privaten Reichtum abzugeben und so Kapital zu reinvestieren. Max Weber sieht namentlich dem Frühkapi-talismus ferner nicht nur »Geschäftsklugheit«, sondern tatsächlich eine Ethik innewohnen: die sogenannte Berufspflicht – die Verpflichtung des Menschen gegenüber seiner Arbeit. Als Teil der Berufspflicht des Unter-nehmers kann danach gelten: soziale, ökonomische und betriebliche Ver-antwortungsübernahme. Es ist eine Ethik, wie sie beispielsweise bis heute (zuweilen unbewusst) durchaus im mittelständischen Unternehmertum Deutschlands wirkt – handlungsleitend, als Richtschnur des Wirtschaftens.

Nun sind die Zeiten im Umbruch, und namentlich ist unser Heute von tek-tonischen Verschiebungen geprägt – gerade auch in Beruf und Wirtschaft. In den Jahrhunderten seit dem von Max Weber untersuchten Frühkapita-lismus hat sich viel geändert: Wer heute arbeitslos wird, ist nicht mehr von Hunger bedroht. Arbeit und Berufstätigkeit haben einen anderen Stel-lenwert. Sie dienen nicht mehr nur der Existenzsicherung, sondern sind ein prägender Bestandteil der eigenen Identität. Arbeitslosigkeit ist somit oft gleichbedeutend mit Identitätsverlust. Solch ein Bedeutungswandel ist für vieles diagnostizierbar: die Rolle, die das Lebensalter spielt, beispiels-weise – oder auch die Abgrenzbarkeit von Arbeit und Freizeit. All diese tektonischen Verschiebungen im Zusammenhang zu betrachten, und sich innerhalb all dessen einen guten Stand zu verschaffen – darum geht es für jeden Einzelnen. Insofern wurden wesentliche Grundgedanken dieses Arbeitsethos pervertiert, sodass Arbeit als ausschließlicher Zweck zur Ka-pitalakkumulation gesehen wird und lediglich dem Eigenwohl dient. Damit nimmt, verständlicherweise, die Attraktivität dieses Ethos als Dogma des persönlichen wie auch gesellschaftlichen Wirtschaftens ab.

Arbeit: [m]eine Identität?

Der digitale Wandel bringt entscheidende Neuerungen mit sich – das resultiert in neue Fragen, gerade auch bezüglich sich wandelnder Erfordernisse der Arbeitswelt. Manche Fragen beleuchten Neuerungen spöttisch-ironisch, beispielsweise die Überlegung: Erfüllt der Sitzplatz im Café nebenan – wenn er als Arbeitsplatz für einen »Digitalnomaden« herhalten muss – die DIN EN 1335-1 (»Büro-Arbeitsstuhl«)? Das ist einerseits eine Spitze in Richtung Bürokratentum und Überregulierung; dahinter stecken indes auch tatsächlich Fragen, die sich im digitalen Wirtschaften neu stellen: Digitaler Wandel geht einher mit der Entgrenzung der Arbeit in Zeit und Raum, also beispielsweise mit dem Homeoffice für Angestellte; das wirft durchaus im weiteren Sinne arbeitsrechtliche Fragen auf. Es gibt zudem viele neue Fragen der Haftung (»Wer ist verantwortlich, wenn ein selbstfahrender Gabelstapler ein parkendes Auto rammt?«), des Datenschutzes (»Wem gehören Daten, wenn ein Lieferant ein Ersatzteil auf dem 3D-Drucker des Kunden baut?«), des Eigentums (»Wem gehört die mit einem Kunden entwickelte Produktidee?«), und so weiter.

Wo bleibt der Mensch? Was bleibt für ihn?

Eine ganz elementare Frage ist – und wird künftig sein: Wo kommt der Mensch – noch – vor? Wie viel und welche Arbeit wird es für Menschen in einer digital transformierten Welt künftig überhaupt geben?

Zum Bedarf an menschlicher Arbeit und der Anzahl zukünftiger Jobs stammt die bekannteste Studie von der Oxford University, wonach 47 Prozent der Beschäftigten in den USA in sogenannten Risikoberufen arbeiten. Diese könnten innerhalb der nächsten zwanzig Jahre verschwinden – und es sind, infolge der zunehmenden (künstlichen) Intelligenz von Maschinen, nicht mehr nur Routinetätigkeiten, in denen Menschen bald mit Maschinen um Arbeit konkurrieren werden. Was für die amerikanische Wirtschaft gilt, ist in ähnlichem Maße auch für die bundesdeutsche erwartbar (Frey/Osborne 2013).

Für Routinevorgänge und einen großen Bereich körperlich belastender Tätigkeiten ist absehbar, dass sie künftig autark von Maschinen abgewickelt werden, der Mensch kontrolliert und nur noch im Notfall eingreift; daraus entstehen neue Mensch-Maschine-Interaktionsformen. In diesem Bereich werden also Arbeitsplätze fortfallen. In anderen Bereichen hingegen werden Arbeitsplätze hinzukommen.

Möglicherweise geht die Diskussion darum, ob es in Zukunft mehr oder weniger Arbeitsplätze durch die Digitalisierung geben wird, als solche am Thema vorbei: Etliche Jobs werden der Digitalisierung zum Opfer fallen, aber etliche werden andererseits neu entstehen. Vielleicht wird im Endeffekt sogar ein Nettoanstieg der Arbeitsplätze der Fall sein. Wichtiger als die Frage: »Wie viele Arbeitsplätze?« ist in meinen Augen die Frage: »Welche Arbeitsplätze? Welche Aufgaben, welche Kompetenzanforderungen?« Die Diskussion um einen möglichen Arbeitsplatzschwund lässt meist außer Acht: Eine Gesellschaft, die stark von digitalen Diensten geprägt ist, bringt neue immaterielle Bedürfnisse hervor, was mit entsprechenden neuen Berufsfeldern einhergeht – mit Berufsfeldern, in denen genuin menschliche Kompetenzen gefragt sind: soziale, emotionale und kreative Intelligenz – Fertigkeiten, die nicht einfach digitalisiert werden können (Riemensperger 2016, 29).

Hier kommt also ins Spiel, was in gewisser Hinsicht als menschliches »Alleinstellungsmerkmal« gilt: die Domäne des Sozialen, Emotionalen und Kreativen. Allerdings fällt dieser Bereich möglicherweise sehr viel kleiner aus als generell vermutet. Denn vieles geht mittlerweile auch hier ohne den Menschen. Die Präferenzen, Vorlieben, Kaufwünsche eines Kunden einschätzen und antizipieren – das klappt schon heute recht gut auf der Basis von Algorithmen, Daten, Informationen über bisherige Konsumgewohnheiten et cetera; die bekannten Online-Shops bieten hier nur einen zarten Vorgeschmack auf künftige, unermessliche technologische Mittel und Wege. Weitere Entwicklungen kommen hinzu, beispielsweise die enorme Vergrößerung der Möglichkeiten der Mensch-Maschine-Kommunikation und -Interaktion – etwa der Informationsaustausch in natürlicher Sprache. Das Fundament aller künftigen technologischen Entwicklung: selbstlernende Algorithmen. Das heißt zum Beispiel: Als Unterstützung in einem Produktionsleitstand fragt die Maschine Informationen ab und liefert Informationen; sie hat dabei Zugriff auf unzählige Daten, die das menschliche Gegenüber gerade »nicht auf dem Schirm hat«; sie trifft auf der Basis all dessen eigenständige Entscheidungen – und lernt dabei unentwegt weiter. Selbstlernende Algorithmen ... Ein Szenario, das durchaus Beklemmungen auslösen kann. Als Trost sei darauf hingewiesen: Wenn Algorithmen das Fundament aller künftigen technologischen Entwicklung sind, heißt das auch: Ohne sie geht es nicht. Die Maschine braucht, vereinfacht gesagt, den Algorithmus, wie der Mensch die Luft zum Atmen.

Kurz noch einmal zurück zur Frage des Arbeitsplatzschwundes: Dass Jobs der Digitalisierung zum Opfer fallen, ist nicht nur der Verdrängung des Menschen durch Maschinen geschuldet, sondern auch ganz anderen Dynamiken. Denn statt auf eigene Mitarbeiter können Unternehmen bei digitalisierten Leistungen teils zunehmend auf Mitarbeitende setzen, die freiwillig und unentgeltlich ihre Arbeitsleistung einbringen. Freiwillige Mitarbeit ersetzt das professionelle Beschäftigungsverhältnis: Gemeint ist hier nicht das gemeinnützige Ehrenamt, sondern die kostenfreie, symbolisch oder allenfalls gering pekuniär entlohnte Leistung für privatwirtschaftliche Unternehmen. Mittels Crowdsourcing werden Produktideen generiert, Reisereportagen geschrieben oder Logos entwickelt. Oder wie Jeff Howe es ausdrückt: »The new pool of cheap labor: everyday people using their spare cycles to create content, solve problems, even do corporate R & D« (Howe 2006, 1).

Das Neue im Unternehmen
Die digitale Transformation wird in Unternehmen für Entgrenzungen sorgen: für die räumliche und zeitliche Entgrenzung ebenso wie dafür, dass Abteilungs- und Fachgrenzen fallen. Stellenprofile und Arbeitsabläufe werden sich ändern. Die Digitalisierung wird die derzeitige Monotonie etlicher

Arbeitsabläufe reduzieren und so etwa Zeitsouveränität schaffen. Dabei ist es weniger der einzelne Handgriff, der sich ändert, als die gesamte Arbeitsplatzstruktur. In ersten Zwischenschritten werden standardisierbare und repetitive Tätigkeiten an Cloud- und Klickworker ausgelagert, die ihre Leistungen im Akkord anbieten; in absehbarer Zeit werden dann viele dieser Tätigkeiten voll digitalisiert und einfache, repetitive Jobs in Industrie und Verwaltung weggefallen sein.

Die generelle Richtung des unternehmensinternen Wandels ist nicht die Digitalisierung einzelner Abläufe; Ziel ist vielmehr die Steuerung komplexer, fach- und gruppenübergreifender Prozesse. Für den einzelnen Mitarbeiter bedeutet das: Zunahme an komplexerer Verantwortlichkeit. Hat jemand bislang möglicherweise in erster Linie Arbeiten nach Anweisung ausgeführt, ist er nun vielleicht mit der Herausforderung konfrontiert, eigenverantwortlich zu handeln, zu koordinieren, und das auch abteilungs- und hierarchieübergreifend.

Die generelle Richtung ist, anders gesagt: Vom einzelnen Mitarbeiter – vom Auszubildenden bis zum Ingenieur – wird mehr an Gestaltung erwartet: an Mitdenken, an Engagement etwa bezüglich der Lösung unternehmerischer Probleme. In der digitalen Unternehmenswelt ist jeder Facharbeiter auch ein Wissensarbeiter. Stichwörter: breite Grundausbildung, lebenslanges Lernen, Flexibilität, Projekt- und Teamarbeit. Gefordert ist der Mitarbeiter als informierter Entscheider, der aufgrund seines Erfahrungswissens Handlungsoptionen beispielsweise zum optimalen Betrieb einer Maschine oder der Investition in Produktionsmittel gegeneinander abwägt und auswählt.

Es sind Veränderungen, die mit Entgrenzungen in verschiedenen Hinsichten einhergehen: Wenn Erfahrungswissen und Entscheidungskompetenz gefragt ist, bedeutet das beispielsweise, dass auch ältere Mitarbeiter tatsächlich bis zum Rentenalter in einer Produktion tätig sein können. Die Möglichkeiten der räumlichen Entgrenzung, etwa als digitalisierte Distanzarbeit, die Möglichkeiten zeitlicher Entgrenzung, etwa als Arbeitszeitflexibilisierung, die Anonymität von Crowd- und Klickworking-Arbeitsverhältnissen – all das kann sozialen Gruppen den Zugang in den Arbeitsmarkt bahnen, für die klassische Normalarbeitsverhältnisse nicht taugen.

Entgrenzung bedeutet auch: organisationale Entgrenzung. Der klassische Betriebsbegriff, beruhend auf der traditionellen, ortsgebundenen industriellen Wertschöpfung, verliert an Bedeutung. Standardisierte Backend-Prozesse – etwa Finanzbuchhaltung, Service, Logistik oder Marketing – werden zwischen verschiedenen Unternehmen geteilt. Dies wird weder für Kunden noch für (andere) Mitarbeiter sichtbar. Es entstehen Arbeitsplätze ohne eindeutige organisatorische Zugehörigkeit. Unternehmen greifen für die Erbringung spezifischer Leistungen immer weniger auf interne Leistungserbringer zurück. Die globale Transparenz von Fähigkeiten und Verfügbarkeiten hoch qualifizierter Fachkräfte führt zu einem »hiring on demand«; das Arbeitsverhältnis wandelt sich zum Arbeitseinsatz – eine Flexibilisierung im Sinne einer »Gig Economy«: Der Begriff »Gig« entstammt dem Musikerjargon und meint das Engagement für einzelne Auftritte außerhalb längerfristiger Verpflichtungen. Noch scheint vielen der Gig-Worker – ein Solo-Freiberufler, dessen Arbeitsprogramm dem Motto »whatever works« folgt – fremd; doch er lebt bereits mitten unter uns. Und es ist nicht etwa ein niedrig qualifizierter Wanderarbeiter; vielmehr gehen gerade Höchstqualifizierte in solchen Beschäftigungsverhältnissen auf, in denen die Arbeitszeit sich eben aus verschiedensten Mikroarbeitszeiten verschiedenster Aufgaben, je nach Bedarf und Kompetenz, zusammensetzt.

Was bleibt für den Menschen? Ohne ihn geht nichts – aber er ist gefordert! Die Digitalisierung stellt nur für den eine Chance dar, der die Bereitschaft zu lebenslanger Weiterqualifizierung mitbringt, sich nicht auf einmal Erreichtem ausruht. Der sich vielleicht heute fragt, welche Skills er morgen aufbauen sollte, um nicht übermorgen durch einen Rechner ersetzbar zu sein. Beispielsweise ist in einer von Daten dominierten Arbeitswelt die Fähigkeit, eben diese Daten sinnvoll kombinieren und interpretieren zu können eine Schlüsselqualifikation – und nicht substituierbar. Doch unterscheidet sich eine Datenanalyse in der Big-Data-Welt von der traditionellen Form: Vieles wird von Data-Mining-Verfahren bereits automatisiert erledigt. So stellen die neuen großen Datensätze die traditionelle, Hypothesen generierende und forschungsleitende Rolle von Theorien infrage. Viele Qualitätskriterien – wie beispielsweise Repräsentativität – können bereits automatisiert geprüft werden. Dennoch wird es – entgegen dem The-end-of-theory-Ansatz von Chris Anderson – weiterhin theoretische Konzepte und Modelle brauchen, mit denen die großen Datenmengen durchsucht werden können. Es verbleiben somit viele Handlungsfelder für den Menschen, aber es wird darin Kompetenz auf Fünf-Sterne-Niveau gefordert.

Und abschließend, noch einmal aus unternehmerischer Sicht beleuchtet: Die Digitalisierung bedeutet, zu Ende gedacht, genau das, was Unternehmensgründern vom ersten Tag an empfohlen wird: »Suche Dir Deine Nische, in der Du eine abgegrenzte, kundenorientierte Leistung erbringen kannst, leiste diese und der Erfolg wird Dir folgen.« Dies gilt speziell auch in der digitalen Wirtschaft. Die halb gare und lediglich zufriedenstellende Leistungserbringung wird es in einer von der Digitalisierung vollends geprägten Welt nicht mehr geben. Warum soll ich mich – als Geschäfts- oder Endkunde – mit einer nur hinreichend guten Leistung begnügen, wenn ich von einem anderen Anbieter eine im Höchstmaß qualitativ ausgestattete Leistung erhalten kann? Der Markt bietet mittlerweile für fast alles Lösungen an. Softwareprodukte sind für diese Entwicklung als Vorreiter ein gutes Beispiel: Statt eine halbwegs funktionierende integrierte Warenwirtschaftslösung mit aufwendiger Anpassung und individuellen Schnittstellen einzusetzen, geht man vermehrt andere Wege: gewinnen kleine, flexible und über Drittlösungen leicht miteinander verknüpfbare Anwendungen am Markt. Für Unternehmen bedeutet es: Lediglich die Definition und Ausrichtung auf das tatsächlich vorhandene eigene Kernleistungsvermögen ist gefragt – und damit für viele ausstehend.

Digital leben heißt auch: Entspannt leben

»Strebe nach Ruhe, aber durch das Gleichgewicht, nicht durch den Stillstand deiner Tätigkeit.«

Friedrich von Schiller (1759 – 1805); deutscher Arzt, Dichter, Philosoph und Historiker

Über die digitale Transformation sprechen – das heißt immer wieder: sich mit Herausforderungen beschäftigen, mit Anstrengendem, und sich teils durchaus auch beklemmende Szenarien ausmalen. Dem sei nun zur Abwechslung etwas entgegengestellt: Konzentrieren wir uns einmal auf das Leichte, Angenehme, Entspannte, mit dem die Digitalisierung unter anderem auch einhergeht.

Präsenzpflicht, Nine-to-five, Acht-Stunden-Tag, das stammt aus einer Zeit, in der Arbeit und Beruf ebenso wie der Markt und der Wettbewerb zeitlichen und räumlichen Grenzen unterlagen, als Märkte beispielsweise noch regional strukturiert waren. Heute ist das Geschehen entgrenzt – was erst einmal für den Einzelnen keineswegs nur Vorteile mit sich bringt, keineswegs nur entspannend wirkt. Im Gegenteil: Heute weiß ein Zeitungsredakteur ebenso wie ein Fertigungsunternehmen: Zum Zeitpunkt des eigenen Zubettgehens startet irgendwo auf dem Globus, auf einem anderen Kontinent ein Wettbewerber, ausgeruht in den Tag. Dieses Wissen kann unter Druck setzen, kann zur Rastlosigkeit führen; das Always-on schafft Belastungen; an dieser Stelle brauchen wir neue Grenzen, brauchen wir die innere Abgrenzung in unseren Köpfen. Gelingt uns das, können wir – gerade auch als high-potentials – für uns die Grenze zwischen Gestaltung und Getrieben-Werden klar definieren und vor allem auch leben, dann kann die Digitalisierung etwas sehr Entspannendes haben.

Komfort durch Gestaltungs- und Spielräume

Die digitale Transformation bietet eine breite Palette an eleganten Tools, Plattformen und Ähnlichem zur Gestaltung des Lebens, der Arbeit, der sozialen Beziehungen gemäß den eigenen Vorstellungen, der jeweiligen persönlichen Lebenssituation und dem eigenen Leistungsvermögen. Sie schiebt räumliche, zeitliche, soziale Barrieren beiseite und erlaubt so unterschiedlichsten Menschen unterschiedlichste Zugänge zur Arbeitswelt. Sei es die Vielfältigkeit der Arbeitsmodelle zur besseren Vereinbarkeit von Beruf und Familie; sei es die Vielfältigkeit, die – auch angeknacksten – Erwerbsbiografien nun offensteht, etwa durch ausbildungsfremde Quereinstiege, Fernausbildungen oder durch individuelle Festlegungen von Arbeitsperioden – gestützt vielleicht durch Arbeitszeitkonten, was der jeweiligen, eigenen Lebenswirklichkeit und Entfaltung, etwa beruflichen Entwicklung, hinreichend Zeit und Raum geben kann. Zeitliche Flexibilität, Ortsungebundenheit: eine Vielzahl an individuellen Gestaltungs- und Spielräumen tut sich auf.

In der digital transformierten Welt kann der Arbeitsplatz überall sein: im Homeoffice, bei Starbucks, im Wohnmobil oder im Englischen Garten. Nicht zuletzt durch die Möglichkeiten der mobilen (Daten-)Kommunikation können sich zumindest Wissensarbeiter vom eigenen Schreibtisch gänzlich entfernen und für sich selbst den besten Ort und die beste Zeit zum Arbeiten finden und bestimmen. Welch ein Segen.

Andererseits: Vielfach gilt gerade Führungskräften der Begriff »Homeoffice« als Synonym für »Urlaub« – und im Gegenzug gelegentlich schon das Für-den-Chef-sichtbar-im-Büro-den-Schreibtischstuhl-Warmhalten als hinlängliches Indiz für Effektivität. Gemäß einer BITKOM Studie sind 33 Prozent der Arbeitgeber überzeugt, die Arbeitsproduktivität der Mitarbeiter sinke, wenn diese sich unbeobachtet fühlen. 27 Prozent der Vorgesetzten stört es, wenn Mitarbeiter im Homeoffice nicht ständig erreichbar sind. Zum Tragen kommt hier unter anderem ein wohleingeübtes Misstrauen von Führungskräften gegenüber ihren Mitarbeitenden, dem Letztere wiederum mit ebenso wohleingeübten Mechanismen begegnen, ihrerseits Kontroll- und Anweisungszwängen seitens des Managements entschlüpfend. Es sind traditionelle betriebliche »Katz-und-Maus-Spiele«, deren Ära mit der Digitalisierung ihrem Ende entgegengeht. In der digitalen Welt braucht es andere Spielweisen der Führung. In einer Wirtschaft, wo Mitarbeiter nicht gebunden werden, sondern sich binden, braucht es die gemeinsame – tatsächliche – Verpflichtung auf gemeinsame Ziele. Das ist der Maßstab; daran können Mitarbeitende gemessen werden, gleichgültig, wann und wo sie die Arbeit – und letztlich auch, unter welchem Aufwand – realisiert haben. Die digitale Transformation erfordert Umdenken; und sie erfordert es von der Führungsetage ebenso wie von den anderen »Stockwerken«. Die neue Freiheit will wahrgenommen sein seitens der Mitarbeiter: Die Gestaltungs- und Spielräume wollen genutzt werden, in eigenverantwortlichem Handeln – Selbstbestimmung setzt Selbstverantwortung voraus.

Selbstverständlich wird es diese neue Freiheit nicht für alle Berufe geben: Weder ein Dachdecker noch ein Maler können sich aufgrund ihrer äußeren Arbeitsbedingungen und Abhängigkeiten (Witterung, Ruhezeiten) derart frei definierte Arbeitsräume schaffen. Und doch wird diese Freiheit auch bei ihnen ankommen, auch ihr Leben und Arbeiten ändern. Denn Menschen, die selbst Flexibilität, Eigenverantwortlichkeit und Selbstbestimmtheit in ihrem Arbeitsalltag genießen, werden auf ähnliche Weise auch den von ihnen Beschäftigten Freiräume einräumen – oder gar einfordern.

Der Ort der Arbeit als Raum für Gestaltung

Es ist interessant und für manchen vielleicht überraschend: Trotz der Entgrenzung der Arbeit, beispielsweise Ortsunabhängigkeit und möglichen Verlagerung etwa von Teamprozessen in virtuelle Welten, erfolgt die Identifikation mit dem Arbeitgeber auch heute noch vorzugsweise über den Arbeitsort. Dies mag auch ein Grund dafür sein, dass die überwiegende Mehrheit der Digital Natives einen eigenen Schreibtisch im Unternehmen möchte (Hanisch 2013, 112).

Was die Bürogestaltung angeht, hat sich inzwischen vielfach das Großraumbüro durchgesetzt – namentlich im Gefolge von Maßnahmenbündeln
zur digitalen Transformation von Unternehmen. Man glaubt, mit dieser
Büroanordnung bewege man sich quasi auf den Spuren der als Erfolgsvor-
bilder wahrgenommenen Start-up oder Silicon-Valley-Kultur; angepriesene
Vorzüge: kommunikativ, transparent und kosteneffizient. Doch Studien
zeigen, dass Mitarbeiter in Großraumbüros weder besonders gern noch besonders gut arbeiten: Sich öfter abgelenkt fühlen, über Reizüberflutung
klagen, sich wie auf einem Präsentierteller fühlen; je mehr Menschen in
einem Büro, desto größer ist die Unzufriedenheit mit den allgemeinen
Arbeitsbedingungen (Amstutz/Kündig 2010). Die Leistungsbereitschaft
ist gemindert – erst recht, wenn es um Neues geht, das zu schaffen ist
und in einer Großraumbüroumgebung wenig gewagt wird. Anders gesagt:
Das Großraumbüro ist eine pseudomoderne Arbeitsform, dessen sinkende
Produktivität die Kostensenkungen durch die effizientere Nutzung der Bü-
roflächen schnell auffrisst und die als leistungsfeindliche Brutstätte des
Präsentierens und Nichtstuns nur wenig Mehrwert bietet; daran hindern
auch künstlich integrierte Stellwände nichts.

Auch vor anderen Büroarrangements, die man irrigerweise für erfolgsför-
dernd hält – weil so ähnlich bei Start-ups oder im Silicon-Valley vermutet
–, ist zu warnen: Passende und entspannte Arbeitsumgebungen werden
ebenso wenig über modern wirkende Großraumbüros mit Glasfassaden und
dem Charme einer Kinderganztagsbetreuung für Eltern geschaffen, noch
über das Vorhandensein von bunten Cubicles oder futuristischen Schreibti-
schen – sondern durch die Ermöglichung der jeweils tatsächlich passenden
Umgebung. Einzelbüros mit zusätzlich großer bewusst gestalteter Begeg-
nungsfläche können dabei als Produktivitätsbuster fungieren.

Letztendlich ist nicht die Raumfrage das Entscheidende, wenn es um gutes Arbeiten geht – sondern die im Unternehmen gelebte Kultur. Mancher
stellt in der Reflexion des eigenen Erlebens möglicherweise erstaunt fest:
Der Job, den er als den besten seines Lebens erlebte – wo er am meisten

Großraumbüro: Brutstätte für die Ego-Präsentation und Hort des Nichtstuns.

Schaffensfreude empfand, ihm das Arbeiten am meisten Spaß gemacht hat –, war nicht nur der am schlechtesten bezahlte, sondern auch der, wo die Büros sozusagen spärlich geheizt, spärlich beleuchtet und auch ansonsten eher spärlich waren. Trotzdem war es ein großartiger Ort, großartige Zusammenarbeit, waren es großartige Menschen.

Der Einzelne in Zeiten digitalen Schaffens

»Wir formen unser Werkzeug, und danach formt unser Werkzeug uns.«

Marshall McLuhan (1911–1980); kanadischer Philosoph

Individuation – die Erfahrung und Fähigkeit, allein zu sein, für sich zu sein, ist eine der wichtigsten Etappen in der emotionalen Entwicklung eines Menschen. Sie ist eng verschränkt mit etwas, das man in gewisser Hinsicht als ihr Gegenstück bezeichnen könnte: der Bindungsfähigkeit – der Fähigkeit, die Beziehung zu dem aufrechtzuerhalten, wovon man sich für eine gewisse Zeit zurückzieht.

Kommunikation und Information – grenzenlos – 24/7

Verlieren wir im Zuge der digitalen Transformation die Fähigkeit zum Alleinsein, zum Für-sich-Sein? Fast hat es den Anschein. Unentwegt sind wir mit allen und allem in Kontakt: Kommunikation ist in der digitalen Welt nahezu ein Dauerzustand. Kommunikation und Information – grenzenlos – 24/7. Das ist einerseits wunderbar – andererseits hat es indes seinen Preis: Wir bezahlen diese Entgrenzung offenbar mit Risiken. Zu befürchten steht, nach allem, was wir wissen und am eigenen Leibe erfahren, ein Verlust an Konzentrationsfähigkeit, digital distraction, Aufmerksamkeitsdefizite. Herbert Simon, Ökonom und Computerwissenschaftler, hat das Problem der digitalen Welt mit seiner Informationsvielfalt bei gleichzeitig ständiger Informationsverfügbarkeit einmal auf die schöne Formel gebracht: »Ein Reichtum an Information« schafft eine Armut an Aufmerksamkeit«.

Ein Reichtum an Information – und an Kommunikation. Er kann uns unermesslich in Stress versetzen; kann uns Konzentration und Aufmerksamkeit kosten. So prüft mancher Nutzer bereits vor oder während des Zähneputzens morgens die eigene Facebook-Timeline; so prüft mancher andere mindestens alle fünf Minuten seinen Posteingang auf den Eingang neuer Nachrichten und muss am Ende eines geschäftigen Arbeitstages dann doch die triste Bilanz ziehen, dass es lediglich der neueste Tchibo-Newsletter war, der die eigene Aufmerksamkeit gebunden hat. Und so mancher hat die Suche einer Bewältigungsstrategie bereits aufgegeben oder resignierend akzeptiert, dass dieses geschilderte Verhalten »unter modernen Gegebenheiten« normal sein muss. Zart zeichnet sich dahinter die pubertär anmutende Angst ab, etwas zu verpassen oder seitens des digital-sozialen Umfelds bei kurzzeitiger Abgrenzung sanktioniert zu werden.

Und Menschen beginnen tatsächlich einander im täglichen Produktivitäts- und Effizienzwahn kritisch zu beäugen; erzeugen doch unsere Handlungen Subbotschaften an das Umfeld. E-Mail-Antworten innerhalb von wenigen Minuten werfen die Frage auf: »Hat der nichts zu tun«. Ein Schreiben von Nachrichten – geschäftlich wie privat – zu gesellschaftlich untypischen Uhrzeiten, heißt: wir sind wahlweise Workaholics, stehen kurz vor dem Burn-out oder sind schlichtweg krank. Irrsinnig dabei ist, dass der digitale Schaffensprozess wie eine sich selbst befeuernde Maschinerie erscheint; denn in dem Maße, wie uns die digitale Transformation fordert, schaffen wir neue Tools, die uns helfen, eben diese Forderungen zu bewältigen – und die dann wiederum ihrerseits einen Bedarf an Neuem wecken.

Und so kann man tatsächlich reflektierend fragen, ob beim Anderen beruflich oder privat etwas im Argen liegt, wenn auf eine einfache Nachricht, deren Antwort ein Einfaches »Ja« oder »Nein« bedurft hätte – was auch bei voller beruflicher Auslastung höchstens fünfzehn Sekunden gedauert hätte – erst nach Tagen oder Wochen eine Antwort kommt. Darin wird dann allerdings zunächst einmal in besinnungsaufsatztypischer Prosa begründet, warum der eigene E-Mail-Stapel erst jetzt in Angriff genommen werden konnte. Ebenso riecht es nach einem bösen Trick, dem anderen das Gefühl zu geben, sehr viel beschäftigter zu sein, als man selbst. Wenn man beispielsweise eine gnadenlose Abkürzung von Wörtern nutzt – wobei das Tippen dieser Abkürzungen etwa ebenso aufwendig sein dürfte, wie das Ausschreiben ihrer Entsprechungen. An die zwischenzeitlich nahezu flächendeckende Verwendung von neuen Formen eines Pidgin-Englisch oder Pidgin-Deutsch hat man sich fast schon gewöhnt. Also an die Verwendung einer Behelfssprache, die improvisiert und nahezu regellos unter dem Einfluss der Vielen eine Mischsprache repräsentiert, die ihre eigentliche Herkunft – oder wahlweise das Bildungsniveau des Schreibenden (oder Sprechenden) – endgültig verklärt. Wobei auch diese Vorgehensweisen wieder nur einen guten Grund geben, an der eigenen Auslastung zu zweifeln, dass man selbst es sogar noch schafft, Satzzeichen und Groß- und Kleinschreibung zu berücksichtigen, während bei anderen wohl sprichwörtlich wieder nur »die Hütte brennt«. Man muss im direkten Vergleich wohl unglaublich unterbeschäftigt sein, dass man die Zeit aufbringen kann, zwei lange Sekunden über die Verabschiedungsvariante »beste Grüße«, »viele Grüße« oder »herzliche Grüße« nachzudenken während der andere es bei einem nichts Sagenden »VG« belässt – oder selbst damit geizt.

Entgrenzung braucht Abgrenzung

Kommunikation und Information – grenzenlos – 24/7. Entgrenzung – eine elementare Herausforderung. Sie läuft im Grunde darauf hinaus, dass wir selbst Grenzen setzen. Dass wir selbst reflektieren und entscheiden, was wir an Kommunikation und Information an uns heranlassen. Hier, in der ganz individuellen Abgrenzung, liegt der Ansatzpunkt für den geeigneten Umgang mit uns selbst und anderen in dieser digitalen Welt: Wir sind aufgefordert, innere Grenzen zu ziehen, weniger auf uns einströmen zu lassen – den Zustrom zu limitieren. Den eigenen analogen Raum abzustecken innerhalb des grenzenlosen digitalen Raums. Kontemplation? Ja, vielleicht. Damit meine ich nicht etwa die Kontemplation im Kloster, sondern die Kontemplation im Alltag – die Konzentration. Miriam Meckel spricht von der Sicherung gewisser Zeit und Lebensräume:

»Nun geht es hier nicht darum, ein Szenario der Kontemplation zu entwerfen, das nicht in unsere Zeit passt. Es geht vielmehr darum, sich in der umfassenden Vernetzung und Mobilität unseres heutigen Lebens gewisse Zeit- und Lebensräume zu sichern, in denen nicht die spontane externe Anforderung uns am Denken hindert. Stattdessen soll das zu seinem Recht kommen, was uns denk- und lebensfähig hält: die soziale Vernetzung mit den (oft wenigen) Menschen, die für uns Kompass und leidenschaftlicher Antrieb im eigenen Leben sind. Die konzentrierte Auseinandersetzung mit einem Gedanken, einer Idee oder einem Gegenstand, die es erlaubt, neue Fragen zu stellen und andere Antworten zu finden. Die Zuwendung zu diesen Menschen und die Konzentration auf diese wichtigen Dinge sichern uns selbst ab in unserem eigenen Lebensentwurf. Sie setzen Kreativität und Motivation frei und haben deshalb für gewisse Zeiten unsere ausschließliche Aufmerksamkeit verdient.« (Meckel 2008, 245)

In dieser Sicherung eigener Zeit- und Lebensräume liegt unsere Chance. Und dafür bedarf es der Fokussierung jedes Einzelnen in seinem Schaffen, der Erinnerung an die Dringlichkeit des eigenverantwortlichen und gut dosierten Umgangs mit dem Digitalen und des Rückgriffs auf die Vielzahl an bewährten Bewältigungsstrategien, um dem dauernden Druck und auch Sog des Digitalen zu entkommen. Man muss sich E-Mails, Push-Notifications, WhatsApp-Nachrichten und Ähnlichem nicht unentwegt aussetzen, sondern hat es selbst in der Hand. Es mag nicht unbedingt leicht fallen; es will, wie jede andere Alltagspraxis, immer wieder eingeübt sein – doch es geht; und es tut gut: dem eigenen Schaffen, dem eigenen Leben. Es ist im Grunde sogar dafür wichtig, wie man sich als Mensch gegenüber anderen in der realen und in der komplexen digitalen Welt glaubwürdig positioniert. Aufmerksamkeit ist eine elementare Ressource in beiden Welten.

»Aufmerksamkeit lässt sich nicht teilen. Der Mensch hat nur einen Fokus in seiner Konzentration. Wenn wir diese besondere Aufmerksamkeit also zuweilen für bestimmte Menschen und Dinge aufsparen wollen, dann müssen wir uns für diese Zeitspannen aus dem umfassenden Strom der

Nachrichten freischwimmen, das grundlegende Kommunikationsrauschen abschalten. Sonst kann es nicht gelingen.« (Meckel 2008, 245)

Es ist eine elementare Herausforderung, der sich jeder stellen muss, wie man sich als Mensch gegenüber anderen in der komplexen digitalen Welt glaubwürdig positioniert. Denn die Schaffenskraft von jedem Einzelnen wird – gerade in der digitalen Welt – weiterhin gebraucht. Und zwar für das Neue, das Kreative – um Gedanken, Ideen und Konzepte auf Fünf-Sterne-Niveau zu erbringen. Und genau dafür bedarf es der Fokussierung jedes Einzelnen in seinem Schaffen. Und so ist es auch eine Erinnerung an die Dringlichkeit des eigenverantwortlichen und gut dosierten Umgangs mit dem Digitalen.

Was wir Kinder lehren ...

»Kümmert Euch um Eure Kinder, dann verdummen sie schon nicht.«

Ranga Yogeshwar (*1959); luxemburgischer
Wissenschaftsjournalist, Physiker und Moderator

Sie hätte den Charme einer Komödie, wenn sie nicht im Grunde tragisch wäre: die Debatte, ob Zweijährige an den Umgang mit einem iPad zu gewöhnen seien, damit sie – so die Annahme – möglichst früh digital zu denken lernen. Denselben burlesken Charme hat die Idee, Digitalisierung in Schulen mit einer flächendeckenden Verfügbarkeit von E-Book-Schulbüchern gleichzusetzen, dieses gar als Triumph zu feiern. Das ist ebenso schwachsinnig, wie es wäre, sich für die flächendeckende Verfügbarkeit von Elektro-Zapfsäulen in der Sahara gegenseitig jubelnd auf die Schulter zu klopfen.

Richtig ist, dass die virtuelle, digitale Welt aus der Lebenswirklichkeit unserer Kinder ebenso wenig wegzudenken ist wie aus der Lebenswirklichkeit von uns Erwachsenen. Das bedeutet: Verantwortung – elterliche Verantwortung, schulische Verantwortung, gesellschaftliche Verantwortung.

Erziehen und Bilden für eine ungewisse Zukunft?

Der digitale Wandel macht unsere Welt unvorhersehbarer. Wir wissen wenig darüber, wie sie in fünf oder zehn Jahren aussehen wird. Wir tun uns als Erwachsene mit vielem schwer; haben zahllose Fragen zu Gegenwart und Zukunft – und gelegentlich vergleichsweise wenig verlässlich scheinende Antworten. »Wir kennen die Welt von morgen nicht. Wir wissen nicht, mit welchen konkreten Problemen sich unsere heutigen Schülerinnen und Schüler dereinst auseinandersetzen müssen. Wie können wir sie dennoch auf ihre ungewisse Zukunft vorbereiten?« (Heymann 2012)

Verantwortlicher Umgang mit unseren Kindern und unserer Jugend heißt an diesem Punkt: Gesellschaftliche Anstrengungen, damit Schule die Bildung liefert, die notwendig ist, um sich in einer komplexen Welt zurechtzufinden – eine Art von Bildungsminimum: »Damit Schülerinnen und Schüler ihren Weg finden können in der Welt, in die sie nach ihrer Schulzeit entlassen werden, müssen sie eine reale Chance bekommen, die in unserer Gesellschaft lebenswichtigen Kulturtechniken und Basiskompetenzen, zu denen auch Lernkompetenzen gehören, nachhaltig zu erwerben.« (Heymann 2012)

Wenn Kinder Medien nutzen, hat das erst einmal nicht zwingend mit Medienkompetenz zu tun, sondern mit Bedienkompetenz. Den Nachwuchs mittels Bildung befähigen, sich in einer künftigen, digitalen, komplexen und unvorhersagbaren Welt zu bewegen und zu entfalten, meint mehr: Idealiter geht es in den Klassenzimmern erst einmal nicht unbedingt um den verstärkten Einsatz von digitalen Medien im Unterricht, sondern vielmehr um die Vermittlung beziehungsweise Entwicklung eines notwendigen Wissens- und Kompetenzkanons. Im Grundsatz gilt dabei der Blick bestenfalls der gesamten Bandbreite von analogen bis hin zu digitalen Medien, und zwar fachübergreifend, also trans- und interdisziplinär. Denn für die digital vernetzte Welt liegt beispielsweise der schulische Auftrag darin, sie aus technologischer, gesellschaftlich-kultureller und anwendungsbezogener Perspektive zu betrachten – im Sinne eines digitalen Kompetenzkanons:

Erstens: Die technologische Perspektive: Wie funktioniert das – beispielsweise Computer und Internet? Wirkprinzipien, technologische Grundlagen und Hintergrundwissen, Erweiterungs- und Gestaltungsmöglichkeiten, Problemlösungsstrategien und -methoden ...

Zweitens: Die anwendungsbezogene Perspektive: Wie nutze ich das optimal? Zielgerichtete Auswahl von Systemen und deren effektive wie auch effiziente Nutzung zur Umsetzung individueller und kooperativer Vorhaben, Orientierung hinsichtlich Möglichkeiten und Funktion gängiger Werkzeuge in der jeweiligen Anwendungsdomäne und deren sichere Handhabung.

Konkret bedeuten diese beiden Punkte für den schulischen Auftrag: Schülerinnen und Schülern den Weg zu mündigen Informationsbürgern zu ebnen – etwa durch die Entmystifizierung von Netzwerken, Datenbanken oder Verschlüsselungen. Dabei reicht es aber gerade nicht, diese nur anzuwenden. Nur wer informatische Systeme auch versteht, wer etwa die Arbeitsmethoden eines Internetgiganten wie Google begreift, kann in der digitalen Welt selbstbestimmt agieren und digitale Werkzeuge sinnvoll einsetzen – kann mitgestalten.

Und schließlich meint informatische Bildung drittens das gesellschaftlich-kulturelle Wissen: Wechselwirkungen zwischen Individuen und der Gesellschaft, Fragestellungen der Informationsbeurteilungen, der Entwicklung eigener Standpunkte und Perspektiven auf das Verhältnis zwischen gesellschaftlichen und informationstechnologischen Entwicklungen, Möglichkeiten der Mitgestaltung einer digitalen Kultur und deren Kultivierung, gesellschaftlich und individuell. Grundfragen: In welch einer Welt leben wir eigentlich, und welchen Stellenwert hat darin das Digitale? Wie ist das Verhältnis von digitaler und analoger Welt? Wie verhalten wir uns richtig? Wie steht es mit Fragen der Ethik? Gelten in der digitalen Welt andere Werte als in der analogen? All das sind Fragen, die Kinder und Jugendliche durchaus beschäftigen – auch wenn sie diese nicht in erster Linie ihren Eltern oder Lehrern stellen. Und der grundsätzliche Bildungsauftrag lautet zunächst: sie zu diesem Fragen zu ermutigen. Ihnen hier ein Gegenüber zu sein, das diese Fragen begrüßt und gemeinsam mit ihnen mögliche Antworten erarbeitet. Bildung für das Leben in einer digitalen Welt – wenn es gut läuft, kommt dabei vor allem eines heraus: selbstständiges Denken, Urteilsvermögen, Diskurs- und Kritikfähigkeit, Wert- und Weltorientierung.

Ein konkretes Beispiel: Wenn traditionell etwa Lehrer ihren Schülern durch eine Zeitungsanalyse mit Schere und Textmarker beibrachten, wie Medien Meinung machen, so heißt das, in die digitale Welt transformiert: Lehrer helfen ihren Schüler dabei, zu verstehen, warum ihr Computer ihnen andere Nachrichten präsentiert als der ihres Tischnachbarn. Wenn der Suchalgorithmus der marktbeherrschenden Suchmaschine Google mindestens zweihundert Faktoren berücksichtigt, um ein Suchergebnis individuell auf den jeweiligen Nutzer zuzuschneiden, ist das ein Faktum, dessen Betrachtung unter verschiedensten Gesichtspunkten lohnt: Wie funktioniert das technologisch? Was passiert da eigentlich genau? Die Ursachen und Folgen der Komplexität, Wirkmächtigkeit und vor allem auch Intransparenz dieses Suchmaschinenfilters: ergiebige Unterrichtsthemen.

Ins Spiel kommt hier – zusätzlich zum Informationstechnologischen im engeren Sinne – eine Art digitaler Diskursfähigkeit: ein Verständnis von Wissensrecherche, das signifikant über das Öffnen eines Internet-Browsers hinausgeht; die Identifikation eigenen Nicht-Wissens und Umwandlung dessen in komplexe Suchstrategien; die kritisch-hinterfragende Haltung gegenüber Informationsangeboten; Methodenkompetenz im Umgang mit unterschiedlichsten Quellenformaten. Durch die Vernetzung vielfältigster Wissensdenominationen der Vielgestaltigkeit des Lebens und dessen Komplexität näherkommen. Schlicht: Design-Thinking ganz praktisch lehren und lernen.

Informatisches Denken kann hier grundlegend sein; allerdings nicht zu verwechseln mit – so, wie schon gezeigt, eine omnipräsente und zugleich irrige Idee – Programmieren zu lernen. Informatisches Denken ist vielmehr in dem Sinne eine Grundqualifizierung, als es schult in Abstraktion, Analyse, Problemlösung, Systemdenken – und als solches neben Lesen, Schreiben und Rechnen ein sinnvolles, hochaktuelles und zukunftsrelevantes Element im schulisch vermittelten Grundwerkzeug darstellt.

Lernen lehren! – Generationenverantwortung

Doch der primäre schulische Auftrag, der grundsätzliche Lehrauftrag ist noch einmal ein anderer – und er bleibt über alle Zeitveränderungen erhaben: Kinder zunächst einmal das Lernen zu lehren. Was für Erwachsene gilt, nämlich, dass die digitale Transformation von uns allen stete Lernbereitschaft fordert, gilt für Heranwachsende erst recht. Und Lernen will erst einmal auch gelernt sein.

Wir Erwachsenen – als Eltern, als Lehrer – können den Nachwuchs für eine ungewisse Zukunft rüsten, indem wir selbst gleichsam mit gutem Beispiel vorangehen. Entscheidend ist dabei zuallererst die eigene Haltung. Sie ist idealiter geprägt von aufgeklärter Verantwortungsübernahme. Wie oft höre ich beispielsweise in Bezug auf die digitale Welt: »Damit kenne ich mich nicht aus. Das weiß mein Sohn viel besser als ich, das überlasse ich ihm.« Dieses »Damit kenne ich mich nicht aus; das überlasse ich meinem Kind« ist das exakte Gegenteil von Verantwortlichkeit. Mit einer solchen Haltung stehlen wir uns aus der Verantwortung.

Gerade als Eltern und Lehrer sind wir gefordert, uns der zunehmenden Komplexität der Welt gegenüber so zu verhalten, wie wir es vom Nachwuchs erwarten: Medienkompetenz etwa begreifend als Bündel aus technologischer, Anwendungs- und gesellschaftlich-kultureller Kompetenz. Das bedeutet beispielsweise up to date zu sein, informiert zu bleiben, was den Stand der Technik angeht; Sorge dafür zu tragen, dass der Nachwuchs sich mit Computern und Internet nicht besser auskennt als man selbst. Wir dürfen uns an diesem Punkt nicht aus der Verantwortung stehlen. Wir müssen vielmehr, so schwer es uns gelegentlich auch fallen mag, selbst leisten, was wir von unserem Nachwuchs – zu seinem eigenen Besten – erwarten: stete Lernbereitschaft, Interesse, Wille zur Selbst-Aufklärung, etwa in den Bereichen des technologischen, des Anwender- und des gesellschaftlich-kulturellen Wissens. Das ist unabdingbare Basis des fürsorglich-verantwortlichen Generationengefüges – hier entscheidet sich, ob Eltern beziehungsweise Lehrer und Nachwuchs in Beziehung bleiben oder der Nachwuchs entgleitet: abgleitet in Parallelwelten.

Wider den Akademisierungswahn

Wie steht es mit der Vorbereitung auf die sich ändernde Arbeitswelt? Wo ansetzen? Damit, dass wir schon bei Einschulung und Primarstufe weiterdenken in Richtung Studium? Die Ersten, deren Jobs gerade in Büroumgebungen einer fortschreitenden Automatisierung zum Opfer fallen werden, sind ironischerweise frischgebackene Universitätsabsolventen. Denn infolge zunehmender Automatisierung und Trends zu Cloud-Computing und Offshoring ist auch die sprichwörtliche Jobgarantie bei einem Abschluss der Ingenieurswissenschaften oder Informatik nur noch ein Mythos. So werden viele derer, die in dem vom Bildungsbürgertum geforderten Sinne mit Blick auf ihre Berufsausbildung »alles richtig« machen, in der digitalen Wirtschaft der Zukunft nicht Fuß fassen. Wenn die Kombination von Sprachverständnis und Analysefähigkeiten von modernen Computern die Aufnahmekriterien einer Hochschule erfüllen kann – warum sollte dieser dann nicht auch die Arbeit erledigen können, die ein Absolvent erledigen kann (Ford 2015, 157).

Nicht die Hochschulbildung ist der Königsweg zu einer erfolgreichen beruflichen Existenz. Lernen und Bildung sind keineswegs mehr zwangsläufig an die Universität gekoppelt, im Gegenteil. Doch gesellschaftlich-bildungs-

Schule hat einen Auftrag:
Bildung fürs Leben.

politisch weisen gerade sämtliche Pfeile in die Gegenrichtung – in eine eben problematische Richtung. Man nennt es den »Akademisierungswahn«. Johannes Varwick schreibt in der *F.A.Z.* vom »Skandal, der schleichend und mit besten Absichten dahergekommen ist, der aber sowohl die Gesellschaft als auch eine Reihe von jungen Menschen teuer zu stehen kommt. Denn im Zuge der Diskreditierung von praktischer Ausbildung und eines Akademisierungswahns studieren immer mehr junge Menschen, die entweder an Universität oder Hochschule scheitern oder, wenn sie sich bis zum Abschluss durchquälen, am Ende garantiert nicht ihrer Qualifikation gemäß eingesetzt werden können und insofern besser etwas anderes gemacht hätten.« Und: »Immer mehr junge Menschen scheitern in ihrem Studium – oder sie quälen sich durch die falschen Fächer. Gleichzeitig herrscht anderswo Mangel, und die Ausbildung wird gering geschätzt. Das ist unverantwortlich.« (Varwick 2016)

Die herausragenden Entwicklungen und Erfindungen unserer Gesellschaft sind von Menschen entstanden, die sich dem Versuch-und-Irrtum-Prinzip verschrieben haben. Wir überschätzen somit oftmals die Rolle von Hochschulen und sehen nicht, dass eine Überintellektualisierung zu genau dem Stillstand in der Gesellschaft geführt hat, den wir bereits in den 1970er-Jahren gesehen haben. Durch die Forderung oder gar den (gefühlten) Zwang nach einer Hochschulausbildung für alle wird eine Spezies geschaffen, die als »Intellektuellen-Idioten« bekannt und zunehmend sichtbar werden. Versuch und Irrtum bringt vielfach deutlich mehr, als pseudointellektuelles Gerede und Theoretisieren. So ist ein Studium heute in der Tendenz zumindest insofern auch kritisch zu betrachten, als es zumindest in Teilen mehr und mehr hinausläuft auf die Vermittlung von etwas, das gelegentlich abschätzig »Fassadenkompetenzen« genannt wird: Weniger zum tatsächlichen Tun und Wirken in der Welt wird hier qualifiziert, ermächtigt und angehalten, als vielmehr zur Profilpflege. Wirkliche Erfolge in der wirklichen Welt haben vorwiegend Projekte außerhalb der Hochschulen. Wer überdies beklagt, dass gerade deutsche Hochschulen nicht zu den Spitzenhochschulen der Welt gehören, muss erkennen, dass dies mit

Blick auf das Ausgangsmaterial auch nicht weiter überraschend ist. Wer vor dreißig Jahren ein Studium begann, war wirklich klug. Wer heute an eine Hochschule geht, ist unter Umständen klug – oder nur ein Scharlatan, der besser eine Lehre abgeschlossen hätte.

So werden die meisten Studienabgänger heute Beamte, Angestellte oder Manager; in anderen Worten ausgedrückt: Bürokraten. Doch Hochschulen sollten für diejenigen vorbehalten bleiben, die echte Wissenschaft betreiben wollen. Bildung, die notwendig ist, um sich in einer komplexen (digital geprägten) Welt zurechtzufinden, muss Aufgabe der Schule sein und bleiben.

Womit allerdings das Kompetenzproblem der heutigen Lehrkräfte in den Schulen ebenso sichtbar wird. Denn die Lehrerausbildung bringt für einen derart aktuellen wie auch umfassenden Kompetenzkanon keine entsprechenden Grundlagen mit. So wäre wohl nur eine fortwährende Kombination aus externer Weiterbildung und einem Zukauf externen (Erfahrungs-) Wissens eine Lösung für das gettoisierte Lernumfeld Schule; ein Gedanke, dem sich Pädagogen wie auch Bildungspolitiker aus unterschiedlichen Gründen naturgemäß zu entziehen versuchen.

Somit: Akademisierung, Studium auf jeden Fall, ist nicht nur mit Blick auf die digitale Wirtschaft ein großer Irrtum. Die weitverbreitete Annahme, Menschen bräuchten BWL, Finanzmathematik und Programmierung als Grundausbildung, ist gerade angesichts der durch die Digitalisierung verfügbaren Tools und Methoden Quatsch.

Der Bildungsauftrag schlechthin: Lernen lehren, Vorbild sein

Das A und O ist: Kinder das Lernen lehren. Kinder sind von Natur aus neugierig, deshalb: Oftmals liegt schon der entscheidende Zugang darin, ihnen die Freude am Lernen nicht zu nehmen. Ihnen das Fragenstellen zu ermöglichen. Ihnen bei ihren Fragen verlässliches Gegenüber zu sein. Wer Fragen hat und sie stellen darf und kann, ist in der Lage, aus der persönlichen filter bubble – der vorgestanzten, vorgeformten Wirklichkeitserfahrung – herauszutreten. Solche im Internet perfektionierte Filter sind nichts grundsätzlich Neues; eigentlich gab es sie schon immer: Wenn wir uns auf Lehrer, Dozenten, Autoren, Zeitungsredaktionen, Makler, Trainer, Verkäufer und Berater verlassen, lassen wir uns auf ein Setting ein, das durch die asymmetrische Verteilung von Informationen geprägt ist. Der andere informiert uns und filtert dabei ganz automatisch – aus bestimmten Interessen heraus, beispielsweise pädagogisch-didaktischen oder ökonomischen.

Sorgen wir dafür, dass unsere Kinder eine filter bubble als solche erkennen und einordnen können – gleichgültig, ob es sich dabei um einen analogen oder digitalen Informationsfilter handelt. Bleiben wir selbst – und damit komme ich zum kurzen Fazit – in dieser Hinsicht genau das, was wir auch für unseren Nachwuchs wünschen: achtsam, wachsam, lernbereit, neugierig und aufgeklärt. Seien wir uns vor allem stets dessen bewusst: In unseren Kindern haben wir es mit Menschen zu tun, deren Leben wir prägen. Denn trotz aller digitalen Verfügbarkeit von Information und Wissen: Es sind die Menschen, von denen Kinder lernen; vielleicht sind es charismatische Persönlichkeiten, die ihren Weg kreuzen; vor allem und ganz sicher haben wir als Eltern und Lehrer stets damit zu rechnen, als Modelle, als Vorbilder zu fungieren – oftmals, ohne dass es den Beteiligten überhaupt bewusst wird. Was zuallererst für Kinder zählt, sind die Menschen, vielleicht insgesamt nur zwei oder drei Persönlichkeiten, die Einfluss auf den gesamten Lebensweg nehmen und haben können – in der analogen wie der digitalen Welt.

Digitale Welt und digitale Identität

*»Der Identitätsverlust war früher ein philosophisches Problem, heute redu-
ziert sich das Identitätsproblem häufig auf den Verlust der Pinnummer.«*

Anselm Vogt (*1950); deutscher Essayist, Kabarettist

Inwiefern bildet die digitale Identität mein reales Ich ab? Wer bin ich –
wirklich? Eine traditionelle formelle Auffassung von persönlicher Identität
definiert sich über das, was etwa in Personalausweis und Reisepass steht,
also über faktisch-statische – insbesondere äußerliche – Merkmale: Name,
Geburtsdatum, Wohnort, Unterschrift, unveränderliche biometrische Kennzeichen wie Augenfarbe und Fingerabdrücke. Andere Auffassungen unterscheiden nach den Rollen, die wir jeweils ausfüllen: in der Öffentlichkeit
beispielsweise die Rolle des Unternehmers oder des Kommunalpolitikers,
im Privaten vielleicht das Familienvater-Ich, Ehemann-Ich, oder auch das,
was wir möglicherweise als wahres Ich begreifen.

Doch die Lage hat sich im Zuge der digitalen Transformation geändert –
und wird sich weiter ändern. Zwischen dem Privaten und dem Öffentlichen schwinden die Grenzen; die persönliche und die öffentliche Identität
verschmelzen im Internet zu einem dynamisch-prozessualen Gebilde – resultierend aus den eigenen Spuren. Es sind einerseits quasi unabsichtlich
hinterlassene Spuren: Kommunikationsspuren, Ortsangaben, Konsumnach-
weise; und es sind andererseits die absichtsvoll hinterlassenen Spuren,
beispielsweise unsere Selbstinszenierungen, gelegentlich ein »medientechnisch gepflegter Exhibitionismus«. Die digitale Identität ist letztlich
einerseits etwas recht Simples: eine Sammlung von Daten, durch die eine
(reale) Person in einem bestimmten Zusammenhang eindeutig bestimmbar
ist. Und andererseits ist sie etwas sehr Vielschichtiges, Komplexes: nicht
nur, weil sich ein Mensch bei Facebook anders zeigt als bei LinkedIn. Das
Identitätsstiftende ist in gigantischem Ausmaß multifaktoriell und multi-
kausal; es unterliegt einem steten Wandel an Perspektiven, Vernetzungen,
Konstellationen und Konfigurationen.

Die technischen Möglichkeiten der Identitätsbildung und damit verbundenen Feedbackprozesse ermöglichen es, eigene Identitätsentwürfe zu testen und abzugleichen: Self-Monitoring; in seiner simpelsten Form ist es beispielsweise das sogenannte Ego-Googeln – das Googeln des eigenen Namens. Ein solches Verhalten gehört ursprünglich, lebensgeschichtlich, entwicklungspsychologisch, in die Teenagerzeit: Zum natürlichen Prozess der Identitätsfindung kann der Impuls gehören, vor einem imaginären Publikum zu posen. In einer digitalen Welt sind nun die Möglichkeiten fortwährenden Experimentierens mit dem Selbst und der Identität zeitlich unbegrenzt und grundsätzlich unermesslich. Darin liegen Chancen und Risiken – und eine große Gefahr sicherlich in der Unterschätzung der individuellen Auswirkungen steten Sich-Beurteilungs-und-Bewertungsmechanismen-Aussetzens.

Ob nun die digitale Identität als Zerrbild des Selbst wahrgenommen oder als Ware verstanden und als solche gehandelt wird, etwa mittels sogenannter Ego-Updates – sicher ist jedenfalls: Das Internet ist möglicherweise nicht wirklich der optimale Ort für die menschliche Identität, das menschliche Selbst in all seinem Reichtum, seinem Vexieren zwischen Vergänglichkeit und Beständigkeit, für menschliche Schwäche, für Individualität und Eigensinn (Meckel 2013).

Was hat es auf sich mit dem Verhalten, sich im Internet »nackt« zu zeigen? Sehnsucht nach Aufmerksamkeit? Es ist ein soziales Urphänomen – grundsätzlich so alt wie die Zivilisation –, hat indes unter Internetbedingungen eine neue Qualität gewonnen; unaufhörlich arbeiten die vernetzten Computer der Welt als Profiler.

Der Gegensatz zu einer solch transparenten öffentlichen Identität wäre die Anonymität. Und es gibt selbstverständlich gute Gründe, die gegen Anonymität im Digitalen sprechen: Anonyme Kunden betrügen, anonyme Nutzer neigen zu beleidigenden und hetzerischen Kommentierungen, anonyme Menschen können nicht zur Rechenschaft gezogen werden.

In diese Richtung argumentiert auch Mark Zuckerberg, wenn er sagt: »Man hat nur eine Identität. ... Wenn man zwei Identitäten präsentiert, zeigt das einen Mangel an Integrität« (Kirkpatrick 2011, 217). Er zielt offenbar auf die Verknüpfung von Identität mit Integrität als Übereinstimmung von Idealen, Werten und tatsächlicher Lebenspraxis ab. Eine wesentliche Ingredienz einer so verstandenen Integrität ist indes – und bleibt als solche von Zuckerberg unerwähnt – Freiheit. Gelebte Freiheit in einer digitalen Welt kann beispielsweise bedeuten: Souveränität, Selbstbestimmung bezüglich der eigenen Daten. Und so darf bezweifelt werden, ob ein Zwang zur vollständigen Preisgabe der eigenen Identität wirklich gelebte Freiheit ist. Um wirklich frei zu sein, ist es nicht nur notwendig, tun zu können, was man möchte – wirkliche Freiheit ist erst dann erreicht, wenn man auch weiß, was man alles tun könnte (Benkler 2001, 25). Wer nicht weiß, dass man auch Pianist werden kann, wird in demselben Maße daran gehindert einer zu werden, wie jemand, der Pianist werden will, aber nicht darf. Insofern wird durch die algorithmische Individualisierung von Suchergebnissen und digitalen Inhalten nicht nur ein möglicherweise verzerrtes Persönlichkeitsprofil genährt, sondern in demselben Maße die von vielen definitorisch mit der Digitalisierung verbundene Freiheit beschränkt. Personalisierung erfordert hier, wie Eli Pariser anführt, zudem auch eine Theorie darüber, was eine Person ausmacht; welche Daten erforderlich sind, um eine Person als solche – und damit letztlich auch ihre Identität – zu bestimmen. Darin unterscheiden sich auch die Algorithmen der »Großen« in unserer digitalen Wirtschaft deutlich (Pariser 2011, 121).

So oder so – die Zeit der Geheimnisse scheint vorbei. Emilio Mordini verdeutlicht es am Arztgeheimnis: Waren Patientenakten und Befunde in der Vergangenheit dermaßen gut gehütete Geheimnisse, dass Ärzte selbst im Klinik-Aufzug ihre Gespräche über Patienten einstellten, haben mittlerweile in den USA rund einhundertfünfzig Personen Zugriff auf die Falldaten eines Patienten (Mordini 2011). Bis zu einem gewissen Grad sind wir alle mittels Informationstechnologien – ob wir davon wissen oder nicht – transparent. Und insofern passt dann doch vielleicht das Bild des digital village wieder: In einem Dorf bleibt kaum etwas lange geheim. »If your data is online, it is not private« (Bruce Schneider) – »You have zero privacy anyway. Get over it« (Scott McNealy).

Risiken und Nebenwirkungen

»Wer seine Unterschrift nicht gegeben hat, wer kein Bild hinterließ, wer nicht dabei war, wer nichts gesagt hat, wie soll der zu fassen sein! Verwisch die Spuren!«

Berthold Brecht (1898 – 1956); deutscher Dramatiker und Lyriker

Die Digitalisierung bedeutet: In ungeheurem Tempo entsteht eine in Masse und Komplexität außerordentliche, aus menschlicher Sicht tatsächlich kaum fassbare Menge an Daten, in digitalen Systemen aufgezeichnet und gespeichert. Dafür verantwortlich sind wir zu großen Teilen selbst. Wir gestatten die Datenerfassung durch Unternehmen, auf Basis unübersichtlicher Geschäftsbedingungen, stillschweigend digital abgehakt – oder wer hat schon einmal die Geschäftsbedingungen von Amazon durchgelesen? Wir gestatten zumeist nicht nur die Erfassung, sondern die Speicherung, Auswertung und oftmals auch Weitergabe. Und wir lösen die Datenerfassung vielfach selbst aus, durch Apps, die aufzeichnen, welche Geschäfte wir betreten, welche Musik wir hören, welche Filme wir ansehen, was wir lesen, ob wir dabei im Bett liegen oder auf der Couch sitzen – vielleicht, um unsere Freunde daran teilhaben zu lassen. Oder wir sorgen für riesige Datenmengen durch Versuche, uns selbst etwas Gutes zu tun: Gesundheits-Apps, Ernährungs-Apps, Entspannungs-Apps, Fitness-Apps. Oft macht die von uns selbst angestoßene Datensammlung auch vor den intimsten Momenten nicht halt – jenen Momenten, in denen wir selbst schon längst abgeschaltet haben: im Schlaf. Wie und wo auch immer – unsere digitalen Helfer sind stets dabei; und im Gegensatz zu uns sind sie stets wachsam und aufnahmebereit.

In einer von der Digitalisierung geprägten Transparenzgesellschaft braucht niemand mehr selbst groß die Initiative zu ergreifen, um Informationen über sich zu generieren, und Trends wie etwa Frictionless Sharing – öffentliches Teilen persönlicher Aktivitäten (Bücherkauf, Musikhören, Lesen ...) in Echtzeit – zeigen die weitere Richtung der Entwicklungen an. Unsere Lebensräume, unsere ganz persönlichen Biotope, ändern sich rasant; immer mehr dabei ist die Öffentlichkeit.

Dabei gilt: Das Ganze ist mehr als die Summe seiner Teile. Durch die nahezu unentwegte Preisgabe von Daten aus Smartphone-Nutzung, E-Mail und Cloud-Diensten, Suchmaschinen, Chats, Terminkalendern und Bewegungsprofilen geben wir zunächst einmal Details bekannt; erst deren Verknüpfung vermag dann entscheidend mehr über uns auszusagen – mehr, als uns selbst eventuell bewusst und lieb ist. Die Verknüpfung der Daten ist das für andere, etwa Internet-Unternehmen, Interessante. Ob Amazon oder Google, was sie infolgedessen über uns wissen – unsere Pläne, Verhaltensmuster, Wünsche –, wissen wir oft selbst nicht über uns. Und dieses Wissen über uns kehrt gewissermaßen zu uns zurück: Es fließt in Verkaufs- oder Suchmaschinenstrategien ein, die wiederum Auswirkungen auf uns haben: Auf das, was wir beispielsweise bei Amazon an Lektüreempfehlungen eingeblendet bekommen; auf die Suchergebnisse, die Google uns präsentiert – auf vieles, das wir nicht im Geringsten bewusst wahrnehmen, das jedoch dennoch Auswirkungen auf uns hat. Es entstehen hier Kausalzusammenhänge, die einerseits quasi für uns selbst »unter dem Radar bleiben« – andererseits gleichwohl gravierende Effekte haben, uns beeinflussen, manipulieren können. Die sogenannte googlesche Filterbubble ist ein prominentes Beispiel; was nicht passt, bleibt draußen; Ergebnisoffenheit ist längst nicht mehr selbstverständlich bei einer Online-Suche – ohne dass der Suchende indes darüber Bescheid wüsste. Die »schöne neue Online-Welt« mag zwar explizit stetig dazu einladen, neue Wege zu gehen; doch tatsächlich verhält es sich vielfach anders: Neue Wege gehen, Alternativen ausprobieren, andere Perspektiven einnehmen – all das, was Suchen und gerade auch Denken zu einem Gutteil ausmachen kann –, wird unwahrscheinlicher. Denn je mehr wir von unseren persönlichen Daten unbewusst – oder auch bewusst – preisgeben, desto mehr besteht die Gefahr, dass Ansichten und vermeintliche Bedürfnisse subliminal manipuliert werden. Der Begriff »Subliminalität« wird in der Psychologie für unterschwellige (das heißt für den Menschen unbewusste) Darbietung von Reizen verwendet. Diese Reize können entweder zu kurz für die eigene Wahrnehmung sein oder zu unscharf, damit es das Bewusstsein wahrnehmen kann. Der Reiz ist dadurch für das Sinnessystem nicht eindeutig trennscharf wahrnehmbar.

Einflussnahme, Manipulation, Determination – auf Basis von Datenerfassung und vor allem -verknüpfung ist es möglich; Interessen in verschiedenste Richtungen gibt es reichlich: Anbieter, die Kundenentscheidungen in eine für sie günstige Richtung steuern; Multiplikatoren, die Meinungsdynamiken anstoßen und in eine gewünschte Richtung lenken. Nachrichten beispielsweise auf eine algorithmisch prognostizierte politische Ausrichtung hin zu generieren, massenmedial zu publizieren, etwa via Social Media zu verbreiten, öffentliche Debatten und in deren Folge politische Entscheidungen algorithmisch gestützt in gewünschte Richtungen zu lenken, ist – wie sich prominent im US-amerikanischen Präsidentenwahlkampf 2016 gezeigt hat –, problemlos machbar.

Rohstoff »Daten«

Wichtig ist, an diesem Punkt nicht naiv, sondern sich darüber im Klaren zu sein: Daten sind etwas, womit wir als Nutzer bezahlen, beispielsweise bei kostenfreien Online-Diensten. Wenn der Besuch einer einzelnen Internetseite die ungewollte und unbemerkte Verbindungsaufnahme zu zig Servern anderer Anbieter zur Folge haben kann, diese Datenspuren sich im Internet-Browser mit Plug-ins sichtbar machen lassen und entsprechend der Einsatz von Schutzmaßnahmen auf Nutzerseite ansteigt – dann verringert das den »Datenerlös« aufseiten der Anbieter kostenfreier Inhalte; sie brauchen dann neue Finanzierungsmöglichkeiten beziehungsweise Geschäftsmodelle.

Schutz der Privatsphäre, Datenschutz?

Die Volkszählung 1987 wurde noch von einer Reihe Bürgerproteste und einem Boykott begleitet – etwas, das dreißig Jahre später »niedlich« anmutet. Datenschützer erscheinen heute als hilflose Repräsentanten überkommener Vorstellungen, die gleich mehrfach auf verlorenem Posten stehen: gegenüber gesellschaftspolitischen Erwartungen in Richtung Offenheit und Transparenz, gepaart mit der wirtschaftlichen Suggestion maßgeschneiderter Services und verbunden mit einer technischen Wirklichkeit von Überwachung und Vernetzung. Doch sie versuchen dennoch die Angriffe auf die Privatsphäre auch in Zeiten des Bürgerjournalismus mit fortwährend protokollierender Handykamera abzuwehren.

»Privat« leitet sich vom lateinischen »privare« ab, was »berauben« heißt. Das Wort hat seinen Ursprung in der Antike, wo ein »privatus« um die Ehre der stolzen römischen Öffentlichkeit »beraubt« wurde – er war ein Mensch ohne Amt. Über viele Veränderungen und Entwicklungen wurde das 19. Jahrhundert dann zum Goldenen Zeitalter des Privaten. So wurde die Privatsphäre als eigener Raum gegen das »Draußen« definiert (Heller 2011, 37). Doch in der digitalen Welt steht nun die traditionelle Idee des privaten einem medientechnisch gepflegten Exhibitionismus gegenüber – und verliert dabei zusehens. So gibt es keinen globalen Konsens darüber – weder philosophisch, noch in öffentlichen Debatten, noch nach geltendem Recht –, wie genau ein Konzept der Privatsphäre im Digitalen definierbar ist, wie weit es reichen und wie damit im Fall von Konflikten umgegangen werden könnte. Oftmals sind es heute Unternehmen oder gesellschaftspolitische Akteure, die eine entsprechende Deutungshoheit beziehungsweise Definitionskompetenz für sich beanspruchen.

Aus diesen Unsicherheiten folgt: Privatheit, Datenschutz – all das kann zum nicht unwichtigen Aspekt in Geschäftsbeziehungen und -modellen werden. Vertrauen ist generell ein elementarer Faktor in Geschäftsbeziehungen; und das Vertrauen in den jeweiligen Geschäftspartner ist nicht zuletzt auch ein Vertrauen in seinen Umgang mit den Informationen, die er von mir erhält. Das jeweilige Handhaben von Daten, diesbezügliche Transparenz und verlässliche, funktionierende Sicherheitsmaßnahmen werden zunehmend zu einem Wettbewerbsvorteil. Dass für den Schutz der (sensiblen) Kundendaten auch bereitwillig gezahlt wird, zeigen etwa kostenpflichtige E-Mail-Dienste wie Mailbox.org oder Posteo, die sich gegenüber den klassischen Gratisangeboten, den sogenannten Freemailern, durchaus am Markt behaupten können.

Dennoch gilt es anzuerkennen: Garantieren für den Schutz der Privatsphäre und Datensicherheit kann letztlich niemand. Gleichgültig, wie gut Daten in einer Kombination aus Geheimhaltungserklärungen, Verboten und Verschlüsselungstechnologien vorgehalten werden: Es gibt kein perfektes Sicherheitssystem. Jede Technik hat ihre Mängel; jede Sicherheitskette ist nur so verlässlich, wie ihr schwächstes Glied; jeder Informationsspeicher ist nur so vertraulich wie sein fahrlässigster potenzieller Nutzer. Es ist ein charakteristisches Merkmal des digitalen Zeitalters, dass oftmals kleinste Nachlässigkeiten, digitale Schludrigkeit, Lecks oder Verwundbarkeiten für einen großen Schaden ausreichen und so selbst beste Sicherheitssysteme zu Fall bringen. Und: Was einmal an Daten und Informationen aus der Hand gegeben in der Welt ist, lässt sich kaum mehr zurückholen. Digitalisierte Daten sind praktisch beliebig vervielfältigbar, und, wie es so passend heißt: Das Netz vergisst nichts. Wir alle wissen: Es ist schwer, wenn nicht gar unmöglich, einmal Preisgegebenes, einmal Veröffentlichtes wieder aus der Welt zu schaffen – und die Reputationsinsolvenz ist bislang nur eine theoretische Idee.

Das Missverhältnis zwischen der Leichtigkeit und Beiläufigkeit, mit der wir gefühlt online sind, und dauerhafter Datenspeicherung ist eklatant. Vielfach wähnen wir uns in Sicherheit, weil wir von der Anonymisierung der Informationen ausgehen. Dass diese Anonymisierung in den meisten Fällen nur eine Pseudonymisierung ist – bei der im Gegensatz zur Anonymisierung Verknüpfungen von auf dieselbe Art pseudonymisierten Datensätzen erhalten bleiben –, ist nur ein Punkt. Der zweite ist: Je größer der verfüg-

Denn sie wissen, was du tust – getan hast und tun wirst.

bare anonymisierte Datensatz, desto zweckloser die Anonymisierung, desto leichter die Identifizierung (De Montjoye et al. 2015).

Und selbst der Teil des eigenen Lebens, der noch in keiner Datenbank steht, kann mit einer guten Trefferquote vorausgesagt werden. So erlauben selbst Daten, die für sich genommen harmlos wirken, durch die Hinzunahme von Weltwissen – beziehungsweise genauer: dem Wissen von und über andere Nutzer – bemerkenswerte Schlüsse; »we build systems that spy on people in exchange for services. Corporations call it marketing.« (Lanier 2011)

Durch die ubiquitären Big-Data-Initiativen verlieren so die drei ursprünglich wichtigsten Strategien zum Schutz der Privatsphäre nahezu vollständig an Bedeutung: das notwendige Einverständnis der Betroffenen; die Option, nicht mitzumachen (Opt-Out); die Anonymisierung. Stehen erst einmal genügend Daten zur Verfügung, ist auch eine perfekte Anonymisierung – selbst bei größter Sorgfalt – nicht mehr möglich (Ohm 2010).

Der öffentliche Raum, Gesellschaft und Politik

»Ein Medium, das versucht, die Massen hinter sich zu bringen, muss die Menschen unterfordern.«

Roger Willemsen (1955–2016); deutscher Publizist und Fernsehmoderator

Vor zehn Jahren waren es Leserbriefe – vielleicht ein halbes bis ein Dutzend druckten Zeitungen pro Ausgabe ab; heute finden sich unter einem online gestellten Zeitungsartikel in Minuten Hunderte von Kommentaren. Jeder Mensch mit einem Telefon und Netzzugang kann mitmachen: Inhalte generieren, bewerten, vervielfältigen. Immer mehr Teilnehmer an immer mehr Plattformen erzeugen Meinungsdynamiken, verschränkt mit wachsender Vernetzungsdichte von mehr und mehr Endgeräten.

Empörungsmaschinerie Internet: Entgleisungen

Die Zeit berichtet von einem »Debattenklima der Hysterie« und von einer »Empörungsmaschinerie«; Entrüstungsstürme und Empörungswellen durchziehen die sozialen Medien und anderen Orte digitaler Meinungsbildung und -mache; Polemik und Propaganda feiern gleichsam fröhliche Urständ. Das Digitale macht es vergleichsweise leicht: Der eigene Unmut ist erregt, durch dieses oder jenes, und ihm ist blitzschnell Luft gemacht. Die Nachricht schnell, spontan und ungehemmt geschrieben und noch schneller verbreitet. Schnell ist die Nachricht dann tausendfach geteilt; der Inhalt dabei ungeprüft; der Unmut dafür potenziert. Die technischen Rahmenbedingungen – wie beispielsweise eine Zeichenanzahlbeschränkung von Kurznachrichtendiensten oder Schreiben$_M$ – tun ihr Übriges. Emotionen kochen hoch, Eskalation, Entrüstung und Besserwisserei, Fakten und »Postfaktisches« werden kommuniziert. Empörung wird ebenso wie humanistischer Gleichmacherei ein Nährboden geboten. Wobei der digitale Dschungel seine eigenen Orientierungsmöglichkeiten bietet: einzelne, die gleichsam gurumäßig hohe Glaubwürdigkeit in ihren Referenzgruppen besitzen. Nach dem »Gesetz der Wenigen« – danach sind jeweils tatsächlich nur wenige für die jeweilige Verbreitung von Trends, etwa Konsumtrends, und Meinungsherrschaften verantwortlich (Gladwell 2002) – agieren diese Meinungsführer insbesondere in sozialen Netzwerken. Es sind quasi, bezüglich der Bewertung und Verbreitung von Informationen, hoch vernetzte Entscheider: Informationsströme werden generiert, geleitet, zielgerichtet, an die Adresse hochkommunikativer Multiplikatoren. Auf diese Weise werden Kettenreaktionen in Gang gesetzt. Dieses »Seeding« – zielgruppengerechtes Platzieren an jeweils optimalen Verbindungsknoten – kann in die virusartige Verbreitung, Viralität einer Nachricht resultieren. Und man kann zu dem Schluss kommen, dass derjenige über menschliches Verhalten und Reaktionen herrscht, der – gemäß des Gemeine-Welt-Syndroms – die Geschichten einer Kultur in einer bestimmten Weise erzählt (Weldon 2011).

Hinzu gesellt sich dann gern die Skandalisierung; die öffentliche Sphäre lebt von Skandalen – und für sie wiederum ist der digitale Raum offenbar exzellenter Nährboden. Skandalisierte öffentliche Meinungsdynamiken, Tendenzen zur politischen Polarisierung, boulevardisierte Formen gesellschaftlicher und politischer Kommunikation – für die demokratische Streitkultur sind das nicht unproblematische Entwicklungen. Skandale werden durch einen Medien- und Wertewandel ebenso begünstigt, wie durch eine entgrenzte politische Polarisierung, die gegenwärtig – nicht nur in Europa – wahrnehmbar ist (Bösch 2011).

Solche Entwicklungen verschränken sich mit anderen Tendenzen – etwa der zum sogenannten Postfaktischen – einem 2016 endgültig in das Öffentlichkeitsinteresse gerückten Effekt. Wenn Fakten in der öffentlichen Kommunikation an Bedeutung verlieren; wenn in der digitalen Welt Fiktion und Fakten, Erfindung und Tatsache, Lüge und Wahrheit quasi ununterscheidbar gehandelt werden, dann bedeutet das den Verlust elementarer Orientierungsoptionen. Dann wird demokratische Willensbildung sehr schwer; dann geht es nicht mehr um Meinung und Gegenmeinung, sondern um die Zerschlagung demokratischer Diskussionsprozesse. Die digitale Welt bietet die Möglichkeit dazu: gezielt kolportierte Unwahrheiten in Windeseile zu verteilen und zu verbreiten – und das erfolgreich. Entgleiste Kommunikation. Und das gleichsam vollautomatisch: Nicht Menschen braucht es dazu, sondern lediglich digitale Bots, das heißt: automatisierte Algorithmen. Im Wahlkampf zur Präsidentenwahl in den USA 2016 sollen digitale Bots eine wesentliche Rolle gespielt haben: »Forscher der University of Southern California fanden heraus, dass sich allein auf Twitter 400.000 Social-Bots in die politische Debatte einmischten. Diese Textroboter lassen sich nur schwer von menschlichen Nutzern unterscheiden und waren für rund 20 Prozent aller Wahlkampf-Tweets verantwortlich. 75 Prozent von ihnen dienten der Unterstützung von Trump.« (Wolfangel/Honsel 2016, 73) Für Informatiker ist dieses Entgleisenlassen der öffentlichen Kommunikation keine große Leistung – für die Demokratie: eine große Bedrohung.

Diese wird im Kern vielleicht noch verschärft durch die sogenannte Schweigespirale. Dabei handelt es sich um ein von Elisabeth Noelle-Neumann bereits in den 1970er-Jahren angesprochenes Phänomen: die Bereitschaft vieler Menschen, sich öffentlich zu ihrer Meinung zu bekennen, hängt von deren (subjektiver) Einschätzung des »Meinungsklimas« ab. Indem Einzelne nunmehr digital mit extremen oder polarisierenden Meinungen – die gezielt von Minderheiten abgesondert werden – konfrontiert und überhäuft werden, fühlen sich Empfänger insofern unter Druck gesetzt, dass sie diese Meinungsäußerungen als Mehrheitsmeinung ansehen. Daher äußern sie sich nicht mehr andersartig, sondern schweigen. Weil die Themen dieses in sozialen Medien geführten Meinungskampfes oftmals stark moralisch aufgeladen sind, unterstützt dies – ebenso wie die Isolationsfurcht der Einzelnen – einen Eintritt in die Schweigespirale. Stattdessen wäre die denkende Nutzergruppe digitaler Medien eigentlich gefordert, über ihre Sorge hinaus aktiv zu werden. Denn ebenso wie bei einem Shitstorm ist auch im Meinungsbrei die Bewahrung und Kommunikation einer klaren Haltung am Erfolg versprechendsten.

Digitalisierung als Demokratisierung?

Etablierte gesellschaftliche Hierarchien, soziale Barrieren, Normen, Verhaltenskodizes und Orientierungspunkte schwinden im Digitalen; stattdessen öffnen sich gänzlich neue Spielräume, neue Artikulations- und Resonanzräume, neue Arenen auch für den Kampf um die öffentliche Meinung und Macht. Das muss nicht nur problematisch, weil Demokratie gefährdend sein, sondern davon kann die Demokratie auch profitieren. Die Digitalisierung kann beispielsweise – jenseits aller Skandalisierung, Boulevardisierung und Postfaktizität – auch einer aufgeklärt-moderaten demokratischen Streitkultur, demokratischen Diskussionsprozessen, Aufwind verleihen; sie kann dazu ermuntern, sich beispielsweise aktiv an gesellschaftlichen Prozessen zu beteiligen; sie kann neue Wege für einen Gewinn oder Rückgewinn gesellschaftlicher Verantwortung durch den Einzelnen eröffnen. Die Digitalisierung kann als Demokratisierungsmotor fungieren – sofern sie so genutzt wird. Wenn also beispielsweise das Internet und namentlich die sozialen Medien nicht nur als Empörungsmaschinerie in Anspruch genommen werden, sondern auch der »überwiegend schweigenden Mehrheit« als Plattform des nicht-plakativen, sondern ernsthaft an Diskurs und Meinungsbildung interessierten Austauschs dienen. Oder mit den Worten Martin Luther King Jrs.: »History will have to record that the greatest tragedy of this period of social transition was not the strident clamor of the bad people, but the appalling silence of the good people.«

Politik hat sich in diesem Zusammenhang grundsätzlich schon immer, wie Gerhart Baum anlässlich des siebzigjährigen Bestehens vom *SPIEGEL* in einem Fernsehinterview zugab, auch an der Berichterstattung der Leitmedien – und damit am Meinungsklima – orientiert. Doch in der digitalen Welt gibt es nicht mehr das Leitmedium schlechthin, sondern die Debattenöffentlichkeit sieht sich einem Wirrwarr aus medialer und digitaler Meinungsmache gegenüber. Die Folge ist, dass in einer affektartigen Handlungsweise der Schnellschuss zum politischen Handlungsmuster wird. Diese Sofortpolitik ist geprägt von Emotionalität, oftmals unredlicher Extremisierung, mangelnder Differenziertheit und inhaltlicher Stringenz. Der digital und unbürokratisch scheinende und sich selbst als modern empfindende Sofortpolitiker äußert sich selbst vornehmlich via Kurznachrichtendienst und hat Adenauers »was kümmert mich mein Geschwätz von gestern« zu seiner Handlungsmaxime erhoben. – Obwohl, gerade hier ein wichtiger Irrtum verborgen liegt, denn: Adenauer hat dies (so) wohl nie gesagt. Stattdessen soll er gesagt haben: »Aber et kann mich doch schließlich keiner daran hindern, alle Tage klüger zu werden.« – und solche »Klugheit« ist etwas, das angesichts der Hirnlosigkeit von Sofortpolitik auch heute wünschenswert wäre. Denn diese Art des Politikstils fördert nur eine Politikverdrossenheit in der digitalen Gesellschaft und führt zu hitzigen, unüberlegten Debatten, bevor geprüfte Fakten vorliegen und differenziert bewertet werden können.

Die digitale Welt bietet nunmehr für alle eine Fülle prinzipiell grunddemokratischer Möglichkeiten; es gilt, sie zu nutzen! In einer Demokratie zu leben, heißt: gesellschaftliche Verantwortung zu haben, in der analogen wie auch in der digitalen Welt. Und letztere, die digitale Welt, lädt gerade zur Partizipation und Re-Politisierung ein: Nie war es einfacher, demokratischen Strukturen neues Leben einzuhauchen, Redefreiheit in Anspruch zu nehmen, demokratische Streitkultur zu pflegen und sich in demokratischer Praxis zu üben – sich beispielsweise inner-, außer- oder überparteilich zu engagieren, in der Nachbarschaft, im Viertel, im Stadtteil, kommunal, regional, national oder global: Nie war die Organisation eines konkreten basisdemokratischen Projektes, etwa zur Nachbarschaftshilfe oder zum Klimaschutz, leichter.

Der Digitalisierungswandel kann als Ermächtigung verstanden werden: als Rückgewinn gesellschaftlicher Verantwortung durch den Einzelnen. Ein Stichwort in Bezug auf Meinungsmache, Boulevardisierung, Postfaktizität und Ähnliches lautet dann etwa: Gegenrede. Eine wichtige Reaktion der schweigenden und denkenden demokratischen Mehrheit besteht genau daraus: aus kluger, aufgeklärter, auf Fakten bezogener Gegenrede (Wolfangel/Honsel 2016). Und dazu gilt es – bei aller Schwierigkeit – qualitativ hochwertige Inhalte vom »Rest« zu unterscheiden; in dem Bewusstsein, dass überall da, wo Wissen frei zugänglich und ebenso frei erweiterbar ist, auch mit Fehlinformationen gerechnet werden muss. Es besteht weder Garantie auf Vollständigkeit noch auf Richtigkeit.

5.
Die nächste [R]evolution lauert schon

● ● ● ● ● ● ● ● ● ● ● ● ● ● ● ● ● ● ● ●

»Vorhersagen über die Zukunft haben von wenigen Ausnahmen abgesehen, die Geschwindigkeit des technischen Fortschritts immer unterschätzt.«

Michio Kaku (*1947); US-amerikanischer Physiker

Wir haben mehr Informationen über die Welt als irgendeine Generation vor uns. Gleichzeitig fühlen wir uns oft orientierungs- und machtloser als noch vor einigen Dekaden. Der Planungshorizont für Unternehmen sind die nächsten zehn Jahre – eine Zeitspanne, in der die Digitalisierung entscheidend vorangehen wird. Außerdem liefert sie – ähnlich der industriellen Revolution – die Grundlagen für zahlreiche noch gar nicht absehbare Folgetechnologien. Das können der Luftraum als Verkehrsknotenpunkt der Zukunft, 4D-Druckverfahren oder der mittels Biohacking optimierte Mensch sein. Es kann die informationstechnologische Bewältigung des Pflegenotstands sein, indem alte Menschen einerseits in virtuelle Realitäten entführt werden, während sie andererseits automatisiert von Pflegerobotern versorgt werden.

Unternehmer wie Mitarbeiter brauchen gleichermaßen Zukunftsbilder; sie brauchen, anders gesagt: Visionen. Je konkreter, je klarer das eigene Bild von der Zukunft ist, desto zielorientierter und proaktiver kann die eigene und unternehmerische Handlung daran ausgerichtet und gestaltet werden. Doch egal welches Zukunftsbild wir für uns finden, müssen wir akzeptieren: Nicht Planbarkeit, sondern Unsicherheit wird wohl unsere Zukunft großteils prägen und bestimmen.

Ich habe in diesem Buch immer wieder auch davon gesprochen, welche Arten alternativen Denkens es gibt – habe betont, wie hilfreich gerade in Zeiten digitaler Transformation das informatische Denken sein kann: der Analyse, Abstraktion und Logik verpflichtet. Auch bei der Formulierung von Zukunftsbildern lassen sich Denkansätze unterscheiden. Während beispielsweise, so Donald Musk, analogisches Denken von Bekanntem ausgeht und schrittweise, über Ähnlichkeitsbeziehungen, zu relativ Neuem vordringt, kann rein abstrakt-logisches Denken qualitativ andere Sprünge machen: Sprünge in gänzlich Unbekanntes (Keese 2013). Es kann jene Grenzen sprengen oder überwinden, die wir der Erfahrung verdanken; es kann tatsächlich das genuin Neue denken. Nicht die Extrapolation, nicht die schrittweise Projektion unserer Erfahrungen in die Zukunft, sondern der qualitative Sprung! Beide Denkweisen sind wichtig, die analogische, erfahrungsbasierte, wie die erfahrungsunabhängige, abstrakt-logische. Doch bislang haben wir Letztere vernachlässigt; und für die Bewältigung der digitalen Transformation braucht es gerade sie: die Freiheit im Denken, unabhängig von Wohlbekanntem, unabhängig von Wohlvertrautem – ein Denken, nicht von der Erfahrung durchdrungen, sondern von der Ratio.

In der nächsten Phase der digitalen Transformation erwartet uns eine Zunahme der Maschine-Maschine-Kommunikation: Digitale Agenten und Assistenzsysteme werden nicht nur besser, sondern lernfähiger, und eine bidirektionale Mensch-Maschine-Interaktion nicht nur ermöglichen, sondern fordern – damit die Maschine weiter lernen kann. Daraus resultieren wird eine immer mehr funktionierende (Selbst-)Steuerung der Dinge, ohne direkte Beteiligung des Menschen. Künftige Anforderungen sind zum einen die Einführung neuer leistungsfähiger Datenübertragungsmechanismen, zum anderen sorgsame Datenpflege. Gerade die Datenpflege ist ein zurzeit noch stiefmütterlich behandeltes – und viele vielleicht überraschendes – Zukunftsthema. Doch hier liegt eine große Herausforderung. Nur durch Daten, die unsere reale Welt mit ihren Sachverhalten und Objekten zutreffend erfassen und korrekt wiedergeben, werden viele der künftigen Technologien überhaupt erst möglich.

Für viele Bereiche des Wirtschaftslebens ist anzunehmen, dass die in vielen Fällen Nahezu-Null-Grenzkosten-Wirtschaft (Rifkin 2014, 195) unsere Vorstellungen von Ökonomie – und damit auch unsere gesellschaftlich-kulturellen Selbstverständlichkeiten – radikaler verändern wird, als wir uns dies bislang vorstellen. Ein mögliches Szenario: Die alten Ordnungen und Einteilungen, in Eigentümer und Angestellter beziehungsweise Arbeiter,

Verkäufer und Käufer, Produzent und Konsument, werden obsolet. Prosumenten konsumieren zunehmend von ihnen selbst produzierte Güter und Dienstleistungen oder teilen sie bei gegen Null gehenden Grenzkosten mit kollaborativen Commons. Absehbar ist eine Neuorganisation des wirtschaftlichen Lebens jenseits der uns bekannten Marktmodelle – mit Auswirkungen auch auf unser gesellschaftliches Leben.

Das Digitale wird, könnte man sagen, langsam erwachsen; die Euphorie um neue Informationstechnologien wird einer gewissen, realitätsbezogenen, Ernüchterung weichen. Hightech, die selbst meine Mutter bedienen kann, ist die neue Realität. Denn die zentrale Frage wird lauten: Was kann Technik tun, um das Leben schöner und praktischer zu machen? Es wird sich wohl die – heute schon bei vielen anklopfende – entlastende Erkenntnis durchsetzen: Es gibt Wichtigeres als die Beschäftigung mit Digitalem. Ab Erreichen eines gewissen Digitalisierungsgrades macht uns mehr davon nicht glücklicher.

Der Blick von uns Menschen wird sich vermehrt wieder auch auf uns und uns in der realen Welt richten – gerade in Anbetracht der zunehmenden Selbstverständlichkeit des Digitalen. Es wird ein großes, ein wachsendes Interesse an realem Erleben, realer Begegnung, realer Präsenz geben. Schon heute können wir jedes Musikstück qualitativ hochwertigst digital hören – an die reine Musikqualität kommt kein Livekonzert heran. Und dennoch gehen die Menschen abends aus, in Konzerte, in Veranstaltungen, zu Events, um die Künstler live zu erleben. Sie sind sogar bereit, immer weiter steigende Eintrittsgelder für ein solch reales Erlebnis zu bezahlen. Menschen möchten Menschen erleben. Sie sehnen sich nach dem direkten, ungefilterten Erfahren. Diese Sehnsucht wird weiter wachsen – wir werden künftig, in einer digitalisierten Welt, verstärkt das Reale suchen.

Menschen wollen Menschen
erleben.

Und in der Arbeitswelt? Was wird für den Menschen verbleiben, unter all den Maschinen? Mich hat schon immer beeindruckt, was einer der Großen der Informatik, Joseph Weizenbaum, sich in den 1970er-Jahren an Gedanken dazu machte: die Macht der Computer versus die Ohnmacht der Vernunft (Weizenbaum 1977). In Anlehnung daran komme auch ich zu dem Ergebnis: die Vernunft ist auf der Seite des Menschlichen – dort ist ihr Ursprung und ihr Ort. Verantwortung, Entscheidungen, nichts davon ist an Algorithmen, an Informationstechnologie delegierbar. Es braucht den Menschen: seine Vernunft, seine Zweifel, seine Kreativität. Und das wiederum bedeutet: Es braucht den Einzelnen. Der menschliche Geist ist etwas grundsätzlich Anderes als Algorithmen – deren Grenzen wir zurzeit kennenlernen und ausloten. Das Pendel wird wieder in die menschliche Richtung schlagen: in Richtung Pragmatismus, Umsicht, Vernunft.

So mag mancher sich nun auch fragen: Was ist eigentlich mit all denen, die in diesem Buch nicht vorkommen? Was ist mit den Menschen, Gesellschaften und Weltregionen, für die Digitalisierung überhaupt kein Thema ist – weil sie beispielsweise in nicht oder kaum industrialisierten Ländern leben? Was ist mit den Menschen in den Slums dieser Welt, mit Menschen, die vor Krieg, Terror und Gewalt auf der Flucht sind? Was ist mit all denen, die sich weder nach Selbstverwirklichung noch nach »the next big thing in digital business« sehnen, sondern deren erste und ernste Sorge die Versorgung mit Trinkwasser oder Nahrung ist oder schlichtweg das Überleben in einem Krieg oder Bürgerkrieg?

Ich habe mich in diesem Buch wie selbstverständlich vornehmlich um first world problems gekümmert. Das war mein Thema. Doch ist die Digitalisierung mehr als ein Luxusthema. Sie bezieht bei aller Unterschiedlichkeit der Lebensräume sowie der Industrialisierungs- beziehungsweise Digitalisierungsgrade, selbst die entferntesten oder umkämpftesten Winkel unserer Erde mit ein. Wie sonst wüssten wir, was sich auf unserem Globus tut? Wie sonst würden wir von so vielen teils schrecklichen Ereignissen und Entwicklungen erfahren? Es ist das Internet, es sind die informationstechnologischen, massenmedialen Kommunikations- und Informations-möglichkeiten, denen wir es verdanken, dass wir zumindest heute besser um weltweites Unrecht wissen. Wir können es benennen, wir können es anprangern – mit Folgen auch für und durch unser Handeln.

Dass es so ist, dass wir mehr oder weniger über das informiert sind, was rund um den Globus passiert – dafür verantwortlich sind Algorithmen, Programme, Software. Sie versorgen uns mit Informationen, sie versorgen uns mit Kommunikation, sie sorgen für unseren Zugang zu Dienstleistungen und Waren. Als Informatiker werfe ich an dieser Stelle gerne abschließend einen Blick auf meine Zunft: die Softwareentwickler der Gegenwart und Zukunft, die Informatiker hinter all den digitalen Lösungen. Sie sind gefordert, und mit ihnen wir alle: genau hinzuschauen, auf die Software und ihre Macher. Kein Programmcode ist neutral; jeder Code transportiert die Werte und Interessen seiner Macher, seiner Produzenten, seiner Programmierer. Welche Werte und Interessen sind das jeweils? Welches Menschenbild, welche ökonomischen, welche ethischen, gesellschaftlichen und politischen Werte fließen hier ein? Es gilt: Sich auf nichts blind zu verlassen, sondern genau hinzuschauen, auf die Software, auf ihre Produzenten, auf den Kontext. Digitalisierung muss eben nicht automatisch gut sein. Sie kann auch schaden. Es können auch Akteure am Werk sein, die unter dem Deckmantel des Fortschritts ganz andere Ziele verfolgen.

Dabei ist die Fähigkeit selbst zu denken die beste Strategie, um die eigene Zukunft anzunehmen. Der selbst denkende Mensch kann zwar irren, aber er wird immer überlebensfähiger sein, als der nicht denkende Mensch. Das genaue Hinschauen nimmt Ihnen und mir niemand ab. Und wenn Sie mir bis zu dieser letzten Seite gefolgt sind, gehören Sie mutmaßlich zu jenen, die das auch gar nicht wollen – die lieber selbst denken …

Literaturquellen

Adorno, Theodor W.; Horkheimer, Max (1969): Dialektik der Aufklärung; Neuausgabe; erschienen Frankfurt/Main 1988, Fischer.

Amabile, Teresa; Hadley, Constance N.; Kramer, Steven J. (2002): Creativity under the Gun. In: Harvard Business Review, Vol. 80, No. 8, August 2002, S. 52-61.

Amstutz, Sibylla; Kündig, Sandra (2010): SBiB-Studie, Hochschule Luzern, Technik & Architektur/Kompetenzzentrum Typologie & Planung in Architektur.

Anderson, Chris (2009): Free - Kostenlos: Geschäftsmodelle für die Herausforderungen des Internets, Frankfurt: Campus Verlag.

Andreessen, Marc (2011): Why Software Is Eating The World. In: Wall Street Journal, 20. August 2011.

Avant, Ryan (2014): The third great wave. In: The Economist, October 4th 2014, Special Report.

Bayer, Klaus (2000): Thesen zum Verhältnis von Deutschunterricht und Internet. In: Der Deutschunterricht 1, S. 11-22.

Benkler, Yochai (2001): Siren songs and amish children. In: New York University Law Review, Vol. 76, No. 23, S. 23-113.

Blank, Steve (2013): Why the Lean Start-Up Changes Everything. In: Harvard Business Review, May 2013, Vol. 91, No. 5, S. 63-72.

Bolz, Norbert (2010): Die Welt der Klick-Arbeiter. In: Süddeutsche Zeitung vom 29. August 2010.

Bösch, Frank (2011): Kampf um Normen. Skandale in historischer Perspektive. In: Bulko, Kerstin; Petersen, Christer (Hrsg.): Skandale: Strukturen und Strategien öffentlicher Aufmerksamkeitserzeugung, Wiesbaden: VS Verlag, S. 29-48.

Bubolz, Michael (2016): Digitale Fitness – Wie fit ist Ihre Organisation wirklich? In: Köhler-Schute, Christina (Hrsg.): Digitalisierung und Transformation in Unternehmen, Berlin: KS-Energy-Verlag, S. 16-23.

Buhse, Willms (2014): Management by Internet, Kulmbach: Plassen-Verlag.

Bunz, Mercedes M. (2012): Die stille Revolution, Edition unseld, Berlin: Suhrkamp.

Cachelin, Joel Luc (2015): Offliner, Bern: Stämpfli Verlag.

Carr, Nicholas G. (2003): IT Doesn't Matter. In: Harvard Business Review, May 2003, Vol. 81, No. 5, S. 41-49.

Carr, Nicholas (2010): Wer bin ich, wenn ich online bin ... Und was macht mein Gehirn solange?, München: Blessing.

Christensen, Clayton M. (1997): The innovator´s dilemma, Harvard Business Review Press.

Chugunov, Andrei V.; Bulgov, Radomir; Kabanov, Yuri; Kampis, George; Wimmer, Maria (2016): Digital Transformation and Global Society: First International Conference, DTGS 2016. Revised Selected Papers, Cham: Springer Verlag.

Ciesielski, Martin A.; Schutz, Thomas (2016): Digitale Führung, Heidelberg: Springer.

Coase, Ronald (1937): The nature of the firm. In: economica, Vol. 4, No. 16, S. 386-405.

Dagstuhl-Erklärung (2016): Bildung in der digitalen vernetzten Welt. Organisator_innen und Teilnehmer_innen des Dagstuhl-Seminars, https://www.gi.de/aktuelles/meldungen/detailansicht/article/dagstuhl-erklaerung-bildung-in-der-digitalen-vernetzten-welt.html, Stand: 15. Februar 2017.

De Montjoye, Yves-Alexandre; Radaelli, Laura; Singh, Vivek Kumar; Pentland, Alex (2015): Unique in the shopping mall: On the reidentifiability of credit card metadata. In: Science, Vol. 347, Issue 6221, S. 536-539.

Dell, Christopher (2012): Die improvisierende Organisation, Bielefeld: Transcript Verlag.

Der Spiegel, Heft 34, 16.08.2015: Wie ich ich bleibe. Mensch sein im Google-Zeitalter.

Dörner, Karel; Edelman, David (2015): What »digital« really means, McKinsey Digital, No. 7.

Doyle, Arthur Conan (2013): Sherlock Holmes – Die Romane, Köln: Anaconda Verlag.

Dziemba, Oliver; Wenzel, Eike (2014): #Wir, München: Redline.

Edelman, David C.; Singer, Marc (2015): Competing on Customer Journeys. In: Harvard Business Review, November 2015, Vol. 93, No. 11, S. 70-79.

Elste, Rainer (2016): Paradigmenwechsel im Vertrieb – Konsequenzen neuer Technologien für das Kundenmanagement. In: Binckebanck, Lars; Elste, Rainer (Hrsg.): Digitalisierung im Vertrieb, Heidelberg: Springer, S. 4-25.

Floridi, Luciano (2015). Die 4. Revolution. Wie die Infosphäre unser Leben verändert, Berlin: Suhrkamp.

Foegen, Malte; Kaczmarek, Christian (2016): Organisation in einer digitalen Zeit, Darmstadt: wibas.

Frey, Carl Benedikt; Osborne, Michael A. (2013): The future of employment: How susceptible are jobs to computerization?, Working Paper, Oxford University.

Gassmann, Oliver; Falkenberger Karolin; Csik, Michaela (2013): Geschäftsmodelle entwickeln, München: Hanser.

Gille, Juliane (2010): pro media; Magazin; April 2010.

Gladwell, Malcolm (2002): The Tipping Point – Wie kleine Dinge Großes bewirken können, München: Goldmann.

Grunert, Cathleen (2006): Bildung und lernen - ein Thema der Kindheits- und Jugendforschung? In: Rauschenbach, Thomas; Düx, Wiebken; Sass, Erich (Hrsg.): Informelles Lernen im Jugendalter. Vernachlässigte Dimensionen der Bildungsdebatte Weinheim/München: Juventus, S. 15-34.

Gunther McGrath, Rita (2016): Um die Abläufe in Ihrem Unternehmen zu vereinfachen, brauchen Sie zwei Dinge: Bleistift und Papier, URL: http://www.harvardbusinessmanager.de/blogs/vereinfachung-so-organisieren-sie-ihr-unternehmen-effizient-a-1112272.html, Stand: 15. Februar 2017.

Hanisch, Ronald (2013): Das Ende des Projektmanagements, Wien: Linde.

Happ, Christian; Melzer, André; Steffgen, Georges (2016): Trick with treat – Reciprocity increases the willingness to communicate personal data. In: Computers in Human Behavior, No. 61, S. 372-377.

Hartmann, Matthias; Halecker, Bastian (2016): Digitale Revolution im Management. In: Digitalisierung: Menschen zählen, BWV Berliner Wissenschaftsverlag, S. 44-51.

Heller, Christian (2011): Post-Privacy, Müchen: Beck.

Heymann, Hans Werner (2012): Was brauchen Kinder und Jugendliche für die Welt von morgen? Bilden und Erziehen für eine ungewisse Zukunft. In: Pädagogik, Heft 7/8, 2012, S. 38-41.

Hoffmeister, Christian; von Borcke, Yorck Philipp (2015): Think new! 22 Erfolgsstrategien im digitalen Business, München: Hanser.

Howe, Jeff (2006): The Rise of Crowdsourcing, Wired magazine, Vol. 6, No. 14, S. 1-5.

ICILS (2013): ICILS Studie 2013: Computer- und informationsbezogene Kompetenzen von Schülerinnen und Schülern in der 8. Jahrgangsstufe im internationalen Vergleich, Waxmann.

Introna, Lucas; Nissenbaum, Helen (2000): Shaping the Web: Why the politics of search engines matters. In: Information Society, Vol. 16., No. 3, S. 169-185.

Jánszky, Sven Gábor (2016): Adaptive Software steuert jeden Prozess. In: Vaske, Heinrich (Hrsg.): Jahrbuch 2017 Prognosen zur Zukunft der IT, München: IDG Business Media, S. 18-21.

Javidan, Mansour; House, Robert (2001): Cultural acumen for the global manager: Lessons from project GLOBE. In: Organizational Dynamics, Vol. 29, No. 4, S. 289-305.

Jensen, Lars (2016): Ein Blatt wendet sich. In: Es denkt für dich, brandeins, Vol. 18, No. 7, S. 20-25.

JIM (2014): JIM-Studie 2014 Jugend, Information, (Multi-)Media; Medienpädagogischer Forschungsverbund Südwest.

Keese, Christioph (2013): Silicon Valley, München: Knaus.

Keese, Christoph (2016): Silicon Germany, München: Knaus.

Kirkpatrick, David (2011): Der Facebook-Effekt, München: Hanser.

Lanier, Jaron (2011): You Are Not a Gadget: A Manifesto, New York: First Vintage Books Edition.

Lanier, Jaron (2014): Wem gehört die Zukunft, Hamburg: Hoffmann und Campe.

Lederer, Bernd (2014): Kompetenz oder Bildung; Insbruck University Press.

Lee, Daniel; Sambamurthy, Vallabh; Lim, Kai H.; Wei, Kwok Kee (2015): How does IT ambidexterity impact organizational agility? In: Information Systems Research, Vol. 26, Issue 2, S. 398-417.

Matzler, Kurt; Bailom, Franz; von den Eichen, Stephan F.; Anschober, Markus (2016): Digital Disruption, München: Vahlen.

Mayr, Stefan (2016): Augsburg führt Boden-Ampeln für Handynutzer ein, Süddeutsche Zeitung vom 21.4.2016.

McAfee Andrew; Brynjolfsson, Erik (2014): The Second Machine Age: Wie die nächste digitale Revolution unser aller Leben verändern wird, Kulmbach: Plassen.

McGregor, Douglas (1960): The Human Side of Enterprise, Annotated Edition, New York: McGraw-Hill Education.

Meckel, Miriam (2013): Wir verschwinden – der Mensch im digitalen Zeitalter, Zürich: Kein & Aber.

Meckel, Miriam (2008): Das Glück der Unerreichbarkeit. Wege aus der Kommunikationsfalle, Hamburg: Murmann Verlag.

Meyer, Jens-Uwe (2016): Digitale Disruption, Göttingen: BusinessVillage.

Mordini, Emilio (2011): Pulcinella Secrets. In: Bioethics, September 2011, Vol. 25, No. 9, S. ii-iii.

Moser, Daniel; Wecht, Christoph H.; Gassmann, Oliver (2016): Digitale Plattformen als Geschäftsmodell. In: Gassmann, Oliver; Sutter, Philipp (Hrsg): Digitale Transformation im Unternehmen gestalten, München: Hanser, S. 71-84.

Münchner Kreis – Übernationale Vereinigung für Kommunikationsforschung e.V. (2015): Digitalisierung – Achillesferse der deutschen Wirtschaft – Wege in die digitale Zukunft.

Noelle-Neumann, Elisabeth (1997): Öffentliche Meinung – Die Entdeckung der Schweigespirale, Frankfurt am Main: Ullstein Verlag.

Ohm, Paul (2010): Broken Promises of Privacy: Responding to the Surprising Failure of Anonymization, UCLA Law Review, Vol. 57, S. 1701-1777.

Ohme-Reinicke, Annette (2000): Moderne Maschinenstürmer: zum Technikverständnis sozialer Bewegungen seit 1968, Frankfurt/New York: Campus Verlag.

Pariser, Eli (2011): Filter Bubble – Wie wir im Internet entmündigt werden, München: Hanser.

Pauly, Michael (2016): Eine Cloud macht noch keine Digitalisierung. In: Köhler-Schute, Christina (Hrsg.): Digitalisierung und Transformation in Unternehmen, Berlin: KS-Energy-Verlag, S. 24-38.

Porter, Michael E. (2015): How Smart, Connected Products Are Transforming Companies. In: Harvard Business Review, October 2015, Vol. 93, No. 10, S. 97-114.

Prahalad, Coimbatore; Hamel, Gary (1990): The Core Competence of the Corporation; Harvard Business Reviw, May/June 1990, Vol. 68, No. 3, S. 79-91.

Preuss, Stephan (2016): In 5 Schritten zum digital denkenden Energieversorger. In: Köhler-Schute, Christina (Hrsg.): Die Digitalisierung der Energiewirtschaft, Berlin: KS-Energy-Verlag, S. 17-31.

Rademacher, Svenja; Sommerer, Helge; Riecken, Dennis (2016): Relevanz mobiler Endkundenlösungen für Energie- und Versorgungsunternehmen. In: Köhler-Schute, Christina (Hrsg.): Die Digitalisierung der Energiewirtschaft, Berlin: KS-Energy-Verlag, S. 52-64.

Reeves, Martin; Zheng, Ming; Venjara, Amin (2015): The self-tuning Enterprise, Harvard Business Review, June 2015, Vol. 93, No. 6, S. 76-83.

Riemensperger, Frank (2016): Eine neue »Workforce for the future«. In: Vaske, Heinrich (Hrsg.): Jahrbuch 2017 Prognosen zur Zukunft der IT, München: IDG Business Media, S. 26-29.

Ries, Eric (2014): Lean Startup, München: Redline Verlag.

Rifkin, Jeremy (2000): Access – Das Verschwinden des Eigentums, Frankfurt/Main: Campus.

Rifkin, Jeremy (2014): Die Null-Grenzkosten-Gesellschaft: Das Internet der Dinge, kollaboratives Gemeingut und der Rückzug des Kapitalismus, Fischer.

Ritzer, George; Jurgenson Nathan (2010): Production, consumption, prosumption: the nature of capitalism in the age of the digital »prosumer«. In: Journal of Consumer Culture, Vol. 10, Nr. 1 März 2010, S. 13-36.

Sauer, Roman; Dopfer, Martina; Schmeiss, Jessica; Gassmann, Oliver (2016): Geschäftsmodell als Gral der Digitalisierung. In: Gassmann, Oliver; Sutter, Philipp (Hrsg.): Digitale Transformation im Unternehmen gestalten, München: Hanser, S. 15-28.

Scheer, August-Wilhelm (2016): Thesen zur Digitalisierung. In: Abolhassan, Ferri (Hrsg.): Was treibt die Digitalisierung?, Heidelberg: Springer, S. 49-61.

Schlobinski, Peter (2005): Sprache und internetbasierte Kommunikation. Voraussetzungen und Perspektiven. In: Sieber, Thorsten; Schlobinski, Peter; Runkehl, Jens (Hrsg.): Websprache.net. Sprache und Kommunikation im Internet, Berlin/New York: De Gruyter, S. 1-14.

Schrage, Michael (2014): The Innovator's Hypothesis: How Cheap Experiments Are Worth More than Good Ideas, Cambridge MA, MIT Press.

Schulmeister, Rolf (2008): Gibt es eine Net Generation? Widerlegung einer Mystifizierung. In: Seehusen, Silke; Lucke, Ulrike; Fischer, Stefan (Hrsg.): DeLFI 2008: Die 6. e-Learning Fachtagung Informatik der Gesellschaft für Informatik e.V. 07.–10. September 2008, Lübeck. Lecture Notes in Informatics (LNI), Vol. P-132. Gesellschaft für Informatik Bonn 2008, S. 15-28.

Schwab, Klaus (2016). Die Vierte Industrielle Revolution, München: Pantheon.

Simon, Herbert A. (1959): Theories of decision making in economics and behavioural science. In: American Economic Review. Vol. 49, No. 3, S. 253–283.

Sloss, Robert (1910): Das drahtlose Jahrhundert. In: Bremer, Arthur (Hrsg.): Die Welt in 100 Jahren, Nachdruck 1988, Hildesheim: Georg Olms, S. 27-48.

Spitzer, Manfred (2012): Digitale Demenz: Wie wir uns und unsere Kinder um den Verstand bringen, München: Droemer.

Stone, Brad (2013): Der Allesverkäufer: Jeff Bezos und das Imperium von Amazon, Frankfurt: Campus.

Stuart, Ruth; Rüdiger, Katerina; Garrett, Katherine; Martorana, Stella (2015): Developing the next generation – CIPD learning to work reasearch report 2015, London: CIPD https://www.cipd.co.uk/Images/developing-next-generation_tcm18-10268.pdf, Stand: 15. Februar 2017.

Taleb, Nassim Nicholas (2014): Antifragilität: Anleitung für eine Welt, die wir nicht verstehen, München: btb Verlag.

Tapscott, Don (1996): Die digitale Revolution, Wiesbaden: Gabler.

Tapscott, Don; Williams, Anthony D. (2007): Wikinomics: Die Revolution im Netz, München: Hanser.

Thermann, Jochen (2012): Das (Un)Behagen am Algorithmus. Zur Debatte um das Kalkül des Verhaltens, http://get.torial.com/blog/2012/04/das-unbehagen-am-algorithmus-zur-debatte-um-das-kalkul-des-verhaltens/, Stand: 15. Februar 2017.

Totz, Carsten; Werg, Florian-Ulrich (2014): Interaktionen machen Marken – wie die Digitalisierung zum Kern der Markenführung macht. In: Dänzler, Stefanie; Heun, Thomas (Hrsg.): Marke und digitale Medien, Wiesbaden: Springer, S. 113-131.

Urbach, Nils; Ahlemann, Frederik (2016): IT-Management im Zeitalter der Digitalisierung, Heidelberg: Springer.

Varwick, Johannes (2016), F.A.Z., 20./21. August 2016, Nr. 194, Seite C3: Der Akademisierungswahn und seine Folgen, Gastbeitrag.

Vollmuth, Hannes (2011): Flow kann man lernen, Süddeutsche Zeitung vom 8.10.2011.

Weick, Karl E.; Sutcliffe, Kathleen M. (2003): Das Unerwartete managen, Stuttgart: Schäffer-Poeschel.

Weinreich, Uwe (2016): Lean Digitization, Heidelberg: Springer.

Weizenbaum, Joseph (1977): Die Macht der Computer und die Ohnmacht der Vernunft, Berlin: Suhrkamp.

Weldon, Laura Grace (2011): Fighting »Mean World Syndrome«, https://www.wired.com/2011/01/fighting-mean-world-syndrome/, Stand: 15. Februar 2017.

Westermann, George; Calméjane, Claire; Bonnet, Didier; Ferraris, Patrick; McAfee, Andrew (2011): Digital Transformation: A Roadmap for Billion Dollar Organizations, white paper, Capgemini Consulting und MIT Center for Digital Business, https://www.capgemini.com/resource-file-access/resource/pdf/Digital_Transformation__A_Road-Map_for_Billion-Dollar_Organizations.pdf, Stand: 15. Februar 2017.

Wilkens, Andre (2015): Analog ist das neue Bio, Berlin: Metrolit.

Wolan, Michael (2016): digitale innovation, Göttingen: BusinessVillage.

Wolfangel, Eva; Honsel, Gregor (2016): Firewall gegen Hass. In: Technology Review Special 12.12.2016: 2016 und seine Bedeutung für unsere Zukunft. Heise Medien GmbH & Co. KG.

Zook, Chris; Allen, James (2016): Reigniting Growth, Harvard Business Manager; March 2016, Vol. 94, No. 3, S. 70-76.

Agile Unternehmen

Valentin Nowotny
Agile Unternehmen
Nur was sich bewegt, kann sich verbessern
396 Seiten; 2016; 29,80 Euro
ISBN 978-3-86980-330-2; Art-Nr.: 985

Dauerhaft werden nur agile Unternehmen erfolgreich sein – Unternehmen, die fokussiert, schnell und flexibel neue Geschäftsfelder entdecken und entwickeln und bereit sind, traditionelle Kontexte zu verlassen. Doch was ist eigentlich Agilität? Welche Voraussetzungen müssen agile Unternehmen mitbringen? Und welche Konsequenzen hat das für Management, Führungskräfte und Mitarbeiter(innen)? Antworten darauf liefert dieses Buch.

Der Diplom-Psychologe und langjährige Projektmanager Valentin Nowotny zeigt in seinem neuen Buch, wie Unternehmen die Kraft agilen Denkens und Handelns erfolgreich nutzen. Anschaulich und fundiert erklärt er die psychologischen Grundprinzipien agiler Methoden wie zum Beispiel Scrum, Kanban oder Design Thinking. Nowotny beschreibt die agilen Werte, Prinzipien und Rituale, die passende Unternehmenskultur sowie mögliche Wege einer Transformation unterschiedlicher Bereiche, Abteilungen und Arbeitsgruppen.

Schritt für Schritt zeigt er, wie der erforderliche Prozess gestaltet werden muss, um alle Hierarchieebenen eines Unternehmens in ein agiles System einzubinden. Reduziert auf die wesentlichen Denk- und Handlungsprinzipien agiler Systeme zeigt dieses Buch anschaulich, wie der Erfolg von zeitgemäßen, digital aufgestellten Unternehmen, zum Beispiel Apple, Facebook, Google und Spotify, für Unternehmen jeder Größenordnung und Branche versteh- und nutzbar wird.

Digitale Disruption

Jens-Uwe Meyer
Digitale Disruption
Die nächste Stufe der Innovation
284 Seiten; 2016; 24,95 Euro
ISBN 978-3-86980-345-6; Art-Nr.: 1001

Sie denken, die Digitalisierung der Wirtschaft ist vorbei? Nein, sie hat gerade erst begonnen. Und sie wird alles, was Sie kennen, radikal auf den Kopf stellen. Sie wird Ihren Beruf, Ihr Leben radikal verändern. So, wie Sie es kaum für möglich halten.

Fitness-Apps, 3D-Drucker und der Onlinechat mit dem Arzt – das war nur der erste Schritt: digitale Transformation. Das, was uns in der nächsten Stufe erwartet, ist digitale Disruption. Sie wird ganze Branchen von Grund auf erneuern. Sie wird menschliche Kompetenzen durch Algorithmen ersetzen, sie wird das eigentliche Produkt zur Nebensache machen. Eine Entwicklung, die nicht mehr aufzuhalten ist.

Das alles kommt Ihnen wie Zukunftsmusik vor? Dann sollten Sie dieses Buch gelesen haben. Jens-Uwe Meyer illustriert, wie die nächste Stufe der Innovation gerade Realität wird.

Muss Ihnen das Angst machen? Nein. Denn die digitale Zukunft wird nicht nur im Silicon Valley gemacht. Sie und Ihr Unternehmen sind ein Teil davon. Wenn Sie die Mechanismen der digitalen Disruption verstehen und sich auf die Logik der digitalen Zukunft einlassen, werden Sie diese Zukunft mitgestalten.

Dr. Jens-Uwe Meyer ist Internet-Unternehmer, Top-Managementberater und Keynote Speaker. Mit zehn Büchern gilt er als Deutschlands führender Innovationsexperte.